水灾旱情监测分析研究

黄祚继　赵以国　孙金彦　陈宏伟　王春林　等 著

黄河水利出版社
·郑州·

图书在版编目(CIP)数据

水灾旱情监测分析研究/黄祚继等著.—郑州:黄河水利出版社,2020.4

ISBN 978-7-5509-2619-6

Ⅰ.①水… Ⅱ.①黄… Ⅲ.①水灾-监测-数据-分析-研究-安徽②旱情-监测-数据-分析-研究-安徽 Ⅳ.①P426.616②P338

中国版本图书馆 CIP 数据核字(2020)第 052198 号

组稿编辑:李洪良 电话:0371-66026352 E-mail:hongliang0013@163.com

出 版 社:黄河水利出版社 网址:www.yrcp.com
    地址:河南省郑州市顺河路黄委会综合楼 14 层 邮政编码:450003
发行单位:黄河水利出版社
    发行部电话:0371-66026940、66020550、66028024、66022620(传真)
    E-mail:hhslcbs@ 126.com
承印单位:虎彩印艺股份有限公司
开本:787 mm×1 092 mm 1/16
印张:13.5
字数:304 千字 印数:1—1 000
版次:2020 年 4 月第 1 版 印次:2020 年 4 月第 1 次印刷

定价:98.00 元

前　言

在水旱减灾研究中,需要积极引进当今社会最新科研成果。遥感技术具有宏观、快速、动态、经济等特点,可以广泛应用于水旱灾害监测与评估工作中。近年来,随着信息技术和传感器技术的飞速发展,现代遥感技术已经进入一个能动态、快速、多平台、多时相、高分辨率地提供对地观测数据的新阶段,已成为水旱灾害监测与评估的重要支撑手段。

安徽省地处中纬度地区,属暖温带与亚热带过渡地带,是中国南北气候的过渡地带,属季风盛行区,冷、暖气团交汇频繁,又受东南台风登陆影响。境内地势西南高、东北低,地形地貌南北迥异,复杂多样,长江、淮河将全省划分为淮北、江淮之间、江南三大区域。特殊的地理位置和复杂的气候条件决定了安徽是水旱灾害频发的省份。本书在安徽省多年水旱灾害遥感监测工作实践的基础上,系统地提出水旱灾害遥感监测评估的理论与方法,以安徽省2016年长江流域洪水、宁国市洪涝灾害为实例,系统地分析了水灾监测与分析评估的方法;以安徽省2019年遭遇特大旱情为例,通过分析水文、气象、土壤墒情、取用水情况,结合卫星监测水体面积、土壤植被指数、燃火点分布等遥感数据,系统分析了旱灾监测、旱灾灾情分布程度与评估,为旱情预警提供技术支持。

全书共分5章:第1章概述,介绍了安徽省水旱灾害情况,提出了研究的目的与意义及主要研究内容,由顾雯、汪振宁、徐国敏撰写;第2章遥感监测理论与方法,对遥感技术进行了介绍,分析了水旱灾害监测评估数据源选择,由王春林、张曦、宋强撰写;第3章水灾监测与分析评估,介绍了水灾淹没范围、淹没水深以及水灾灾情分析评估理论与方法,并进行实例分析,由孙金彦、董丹丹、关保宇撰写;第4章旱情监测与分析评估,介绍了旱情遥感监测方法、旱情监测指标体系以及应用实例,由王昆仑、张蕊、张曦、柴向停和夏石明撰写;第5章结语由汪振宁、顾雯、徐国敏撰写。

全书统稿与校对由孙金彦、陈宏伟及王春林共同完成,由赵以国、黄祚继统审。

由于编写时间仓促,作者水平有限,不当之处恳请读者批评指正。

作　者

2020年2月

目　录

第 1 章 概 述

安徽省地处中纬度地区,属暖温带与亚热带过渡地带,为中国南北气候的过渡地带,是季风盛行区,冷、暖气团交汇频繁,又受东南台风登陆影响,降水较集中,降水量自北向南递增。全国七大江河,其中就有长江、淮河两条江河穿过安徽省腹地,全省有50%的耕地、60%的人口和75%的工农业总产值的城乡在江河洪水威胁之下,当地暴雨和过境洪水是安徽省发生水灾的主要因素。每当太平洋副热带高压强盛,北移西伸,长期控制安徽省域,气候酷热,降水稀少;或副热带高压过弱,位置偏南,安徽省久受单一大陆高压控制而干燥少雨,都将出现大范围的特、重旱灾。同时,不同的地形、地貌形成各自的灾害特征。

由于安徽省气候条件复杂,地理位置特殊,河湖众多,水旱灾害频发,洪涝、干旱灾害损失严重。中华人民共和国成立至2013年,安徽省年均水旱成灾面积1 738万亩(1 亩 =1/15 hm²,下同),其中洪涝灾面积926万亩、旱灾面积812万亩。安徽省最大的省情是水情,洪涝灾害是心腹之患,水旱灾害是安徽经济社会发展的主要制约性因素之一。

1.1 水 灾

按照民政部《自然灾害情况统计制度》:洪涝灾害包括洪水和雨涝两类。其中,由强降雨、冰雪融化、冰凌、堤坝溃决、风暴潮等原因引起江河湖泊及沿海水量增加、水位上涨而泛滥以及山洪暴发所造成的灾害称为水灾;因大雨、暴雨或长期降雨量过于集中而产生大量的积水和径流,排水不及时,致使土地、房屋等渍水、受淹而造成的灾害称为雨涝灾害。由于水灾和雨涝灾害往往同时或连续发生在同一地区,有时难以准确界定,往往统称为洪涝灾害。一般认为水灾为客水入侵,如山区的暴雨洪水,山区洪水入侵平原,上游洪水侵入下游,水库、堤防溃决等,往往表现为毁灭性灾害,摧毁社会财富,淹没村庄城市,威胁人畜安全,造成大面积农田冲毁或农作物失收。有些地区水灾与涝灾又往往难以严格区分,如河、湖下游受外水顶托,排水受阻而造成的淹没。

1.1.1 成因与分类

1.1.1.1 成因

安徽省水灾有时间上和空间上的分布特性,洪涝灾害既具有时间上和空间上的分布特性,同时还受人类活动(如人类社会经济生产活动、防洪抢险救灾行为等)的影响,因此具有自然和社会双重属性。水灾的形成必须同时具备以下两方面的条件:

(1)自然条件,洪水是形成洪涝灾害的直接原因,只有当洪水自然变异强度达到一定标准才可能出现灾害。

(2)社会经济条件,只有当洪水发生在有人类活动的地方才能成灾,受洪水威胁最大的地区往往是江河中下游地区,而中下游地区因其水源丰富、土地平坦而常常是经济发达地区。因此,洪涝灾害的形成会受气象、地理、水系、人为等因素的影响。

1.气象因素

从气候上看,安徽省降雨主要由如下 3 个方面的天气系统形成。

(1)大范围的流域性降雨。安徽地处长江下游、淮河中游,靠近海洋。由于地处南北气候的过渡地带,南北冷暖气团交绥频繁,天气多变,降水的年际变化较大。正常情况下,汛初江南先进入雨季,长江流域正常梅雨季节发生在 6 月上中旬到 7 月上中旬;淮河流域雨季从 6 月中下旬开始可延续到 9 月。造成安徽雨季降水量大的形势是在亚洲中高纬度地区有明显的阻塞高压区,使高槽后的冷空气不断扩散南下,与进入低槽的西太平洋、南海、孟加拉湾的暖湿气流相结合,再遇太平洋副热带高压势力增强,就在江淮上空形成切变线,如副热带高压稳定,在地面就形成静止锋,产生持续的强降雨。1954 年、1991 年的梅雨期分别长达 57 d 和 56 d。

(2)台风暴雨。每年 7~10 月,台风(热带气旋)登陆带来的暴雨,对安徽省有很大影响。台风自福建、浙江两地登陆后,安徽省容易产生强降雨。如 1975 年 8 月 17 日来安县杨郢暴雨强度达到日雨量 653 mm;2005 年第 13 号台风"泰利"对安徽省大别山区造成暴雨灾害;2008 年,台风"凤凰"深入陆地后强度逐渐减弱,7 月 30 日 14 时在江西省鄱阳县境内减弱为热带低压,31 日减弱为低气压进入安徽省,至 8 月 1 日在西风槽和副热带高压的共同作用下给安徽省滁河流域带来大范围的大暴雨和特大暴雨,产生严重灾害。2019 年 8 月,台风"利奇马"给安徽省沿江江南带来大到暴雨,造成宁国、广德、绩溪部分地区严重灾害。

(3)局部小气候引发强降雨。主要是皖南山区、大别山区以及从淮北的泗县到江淮的滁州一带容易产生强降雨。全省 3 d 暴雨存在 3 个主暴雨区,分别为皖南山区黄山风景区一带,雨量 507~598 mm;大别山区霍山、金寨、岳西县一带,雨量 504~696 mm;巢湖南岸庐江、桐城、潜山、无为一带,雨量 521~710 mm。在江淮东部来安县、明光市,淮北地区泗县、界首市也存在局部暴雨中心。

2.地理因素

安徽省处于长江下游和淮河中游,是长江、淮河的洪水走廊。上游洪水与省境内洪水叠加是造成洪涝灾害的重要因素。安徽省地形地貌复杂多样,淮河以北是淮北平原,是黄淮海平原的一部分,由于地面坡度小,内部沟洫(大、中、小沟)不齐,蓄水难,排灌条件差,是全省水灾害最重的区域,也是治水任务最重的地区。江淮之间是起伏不平的丘陵和大别山区,地势较高,冲洼坡度较大,排水条件较好,蓄水靠塘坝水库,是个缺水易旱地区,但部分冲洼田也有溃害。江南则以山地为主,山区坡陡暴雨易成山洪,破坏力大,同时由于水土流失,山体滑坡易造成泥石流加重现象。临长江、淮河两岸是沿江圩区和沿淮洼地,地势低注,汛期外河水位高,主要靠堤防防洪,内水不能自排,但水源丰富,怕洪涝而不怕旱,溃害较重。

3.水系因素

从水系上看,安徽省内有淮河、长江、新安江三大水系。安徽省位于淮河中游,比降小,洪水下泄缓慢。淮河以北地区由于历史上历次黄河夺淮入海,打乱了淮河原有水系,洪汝河、沙颍河、涡河、史河等支流洪水容易与淮河干流的洪水相叠加,下游受洪泽湖顶托,中游安徽段洪水积滞难下,沿淮地区"关门淹"现象严重,积聚的时间长达30~60 d。省境南部为黄山山区,除极小范围为鄱阳湖水系外,大部分为新安江流域的源头,新安江水库蓄水对安徽省局部有影响。省境东部为长江、淮河的出口,淮河流入洪泽湖,洪泽湖水位对淮河排洪和入湖支流排水影响很大。大江、大河、大湖周边地区是安徽省经济发展较快地区,人口集中,经济繁荣,也是洪涝灾害严重地区。

4.人为因素

自有人类文明以来,人类活动对自然产生巨大的影响,人类活动给防洪、行洪造成的影响主要有以下几点:

(1)降雨淘刷,人类陡坡开垦荒地、滥砍滥伐林木、开矿、采石、修路、城镇建设等行为导致的水土流失严重,造成河道、湖泊、水库淤积,行洪不畅,减少了滞蓄洪水的能力。

(2)在河湖管理范围内围垦或筑圩养殖,致使湖泊面积减少,调蓄洪水能力下降,河道行洪发生障碍。

(3)林木的滥伐、不合理的耕作和放牧,使植被减少,水土流失严重。

(4)在河滩擅自围堤,占地建房,修建房屋,甚至发展城镇,加剧了洪水的形成。

(5)修建阻水道路、桥梁、码头、灌溉渠道等房屋,影响河道正常行洪。

(6)擅自向河道排渣,倾倒垃圾,修筑梯田,种植高秆作物,致使河道过水断面减小。

1.1.1.2 分类

从地质学角度出发,根据洪涝灾害形成的机制和成灾环境的区域特点,可将洪涝灾害分为以下几种类型:

(1)溃决型洪灾。指堤防或大坝因自然因素或人为因素造成溃决而形成的洪涝灾害,其突发性强、来势凶猛、破坏力大。

(2)漫溢型洪灾。指洪水位高于堤防或大坝,水流漫溢,淹没低平的三角洲平原或山前的一些冲积、洪积扇区的现象。漫溢型洪水受地形的控制大,水流扩散速度慢。

(3)内涝型洪灾。指流域内发生超标准降雨产生的径流,来不及排入河道而引起的大面积积水而形成的灾害。内涝型洪灾多发生在湖群分布广泛的地区,如安徽省沿江圩区等。

(4)行蓄洪型洪灾。指山谷或平原水库以及河道干流两侧的行洪、蓄洪区由于河道来水过大难以及时排出而被迫启用,导致的人为空间转移性洪涝灾害。行蓄洪型洪灾是一种人为可控洪灾,通过洪水的优化调度和管理,达到最大的减灾效益。安徽省长江、淮河两岸有分布,如长江流域华阳河行蓄洪区,淮河流域蒙洼、潘村洼、花园湖等行蓄洪区。

(5)山洪型洪灾。泛指发生于山区河流中暴涨暴落的突发性洪涝灾害,其影响范围小,但突发性强、破坏力大。

(6)城市洪灾。泛指城市地区的洪涝灾害。城市洪灾主要是由城市地区独特的地表形态和性质造成的,如不透水地面面积大,导致地面产流系数大,汇流速度快、下渗少、洪峰高。

从洪水来源角度出发,安徽省水灾主要有以下几种类型:

(1)河流洪水。安徽省境内有长江、淮河两条大河横贯而过,在洪水期,要承泄上游洪水,洪水位一般均高出地面,两岸均靠堤防防御洪水。流域性洪水造成的洪灾是全省洪灾的主要部分。如长江 1949 年洪水、淮河 1950 年洪水均遭受了大范围的水灾,受灾面积分别达到 450 万亩和 1 500 多万亩。

由于干流防洪体系的建设,省境长江、淮河干流水灾已受到明显抑制,支流水灾的大小已成为全省水灾大小的主要因素。如 2016 年安徽省发生的滁河流域、巢湖流域以及青弋江、水阳江流域等洪水均对地区国民经济和社会发展造成一定损害。

(2)短历时强暴雨洪水。这类洪灾大多发生在山区,范围虽小,但破坏性极大,且大多是突发性灾害,从降雨到成灾,往往只有几个小时,时间极短。毁林开荒、围垦造林、植被破坏、水土流失严重造成河床抬高,山洪灾害日趋严重。如 1991 年 7 月初,绩溪县金沙乡高培村附近遇大暴雨,日雨量在 200 mm 以上,造成的洪水;1996 年 6 月 18~20 日和 6 月 30 日至 7 月 1 日,黄山市范围内多处发生日降雨 200~300 mm 的特大暴雨,全市范围内的公路遭成严重破坏。

(3)水库垮坝洪水。水库大坝在安全运用的状况下,对削减洪峰有明显的作用,可以在很大程度上提高大坝下游的防洪安全,但是水库垮坝所形成的垮坝洪水,会对水库下游造成毁灭性水灾。如 1969 年 7 月,淠河上游大别山区发生特大暴雨,磨子潭、佛子岭水库上游 3 d 平均雨量 567.7 mm。两座大坝都发生坝顶漫水,两坝坝后基岩都遭到严重冲刷,所幸大坝为岩基上修建的混凝土坝,未造成垮坝事故,但造成坝后桥和下游 3 座大桥被冲毁,电站老厂房被冲垮,新厂房被淹,下游淠河两岸遭到严重的洪灾。

1.1.2　时空分布特点

从空间分布来说,安徽省位于中低纬度地区,属于水灾较为严重的地区;在季风气候和地形的共同影响下,淮北是全省洪灾严重的地区,受灾程度自东南向西北递减;沿江洪灾较重;皖南山区和大别山区洪灾主要发生在山冲和河道两侧。

从时间分配上来说,安徽省洪水的时空分布与暴雨的时空分布存在着高度的一致性。总体上讲,安徽省暴雨不仅在地区分布上不均匀,时间分配上也极为不均匀,季节、年际变化很大。不过,从安徽省的降水时间变化规律来看,安徽省的水灾在时间上也有一定的季节性规律。每年 5~6 月间,江南地区多雨;6 月初至 7 月初,主要雨带移至长江下游一带,多阴雨连绵,进入梅雨期;至 7 月上旬雨带向西北移动,梅雨期结束;7~8 月进入盛夏季节,也是夏季风活动最盛期。入秋以后,冬季风迅速增强,夏季风南退,主雨带又退到长江以南地区,降水量相对减少。在这种季风活动的影响下,安徽省降水量多集中在夏季数月之中,并多以暴雨形式出现,所以洪水发生也就相应集中。

1.2 旱 情

干旱是对人类社会影响最严重的气候灾害之一,它具有出现频率高、持续时间长、波及范围广的特点。安徽省地理位置特殊,气候条件复杂,河湖众多,水系交错,水旱灾害频发,灾害损失严重。旱灾多发生在江淮分水岭两侧、淮北平原以及皖南丘陵区。统计资料显示,中华人民共和国成立至 2013 年(65 年),共发生特大干旱 5 年,约合 13 年一遇;严重干旱 13 次,约合 5 年一遇,全省农作物累计受灾面积约 10 亿亩,年平均受灾面积 1 532.80 万亩;累计成灾面积达 5.27 亿亩,年平均成灾面积 812.05 万亩。

1.2.1 干旱成因与分类

1.2.1.1 干旱成因

干旱既与气候气象、地形地貌等自然因素有关,也与人类活动及应对干旱的能力有关。具体可分为以下几个方面。

1.气候气象

长时间无降水或降水偏少等气象条件是造成干旱与旱灾的主要原因,一般来说,降水量低于平均值就容易出现干旱。降水时空分布不均、降水量不稳定则是导致降水量高低的主要原因。安徽地处长江下游、淮河中游,在气候区上为南北气候过渡带,属季风盛行区,受西北、东南季风影响,南北冷暖气团交绥频繁,降水在时空分布上极不均匀,具有雨热同期的特点,容易引发干旱和洪涝。在季节上,夏、秋两季降水量很不稳定,春季降水淮北最不稳定,而沿江江南则较稳定,冬季降水量较少;在地区上,降水量南多北少,山丘区多于平原区,淮北和沿淮降水量最不稳定,而且地区性差异大,容易在干旱时突然出现洪涝,也容易先洪涝后干旱。

2.地形地貌

地形地貌条件是造成区域旱灾的重要原因。安徽省全境从地形上分类,有平原、丘陵、圩区和山区四大类,不同的地形条件有不同的干旱灾害特点。淮北平原因地势平坦,地面坡度小,河沟量少且不配套,蓄水困难,排灌条件差;丘陵地区地势较高,岗冲交错,坡度较陡,排水容易,蓄水较难;沿江圩区水源丰富,地势低洼,遇降水量极少年份,江、湖水位显著下降,河港蓄水偏枯,会造成局部短期干旱;山区山高坡陡,蓄水工程少且小,灌溉引水靠堰和塘,抗旱能力较低,因耕地率较低,小旱影响不大,大旱时水源很难解决。

3.水资源

安徽省水资源总量大,但人均占有水资源量较小,约为 1 100 m³,占全国平均水平的50%,全国排名第 20 位。其中,淮河流域特别是淮北地区水资源不足,人均水资源量仅606 m³,亩均水资源量仅 378 m³,属于极度缺水地区。

安徽省水资源分布与人口、耕地分布和工业布局不相适应。从全省来看,降水南丰北缺、人口南少北多,造成了北方缺水严重的局面。特别是沿淮淮北地区,作为全国重要的能源基地和粮食主产区,以全省约 20%的水资源支撑了全省约 50%的耕地和约 43%的人口的用水要求,水资源供需矛盾突出。

4.人类活动

干旱灾害一般归属于自然灾害,但导致灾害发生的原因却并不限于自然方面。人类活动对自然环境的影响和破坏,也是导致干旱灾害的一个重要原因。由于人口的持续增长和社会经济的快速发展,生活和生产等需水量不断增加,水资源紧缺,水的供需矛盾日益尖锐;一些地区因为供水紧张,大量超采地下水或占用农业灌溉水源,导致水资源过度开发,超出当地水资源的承载能力;随着工业废水、生活污水急剧增加,而污染治理严重滞后,淮河及其主要支流、巢湖等水污染严重,甚至有些河段失去利用功能;不合理的利用水资源,导致水资源有效利用率较低,加剧了水资源的短缺,容易出现干旱。此外,近现代人类活动增加温室气体排放引起的全球气候变暖,也加大了极端干旱的出现频率和强度。

5.应对干旱的能力

干旱与应对干旱的能力不足也有很大关系。水利工程设施不足带来的水源条件差,控制河川径流量能力不足,丰水年的水资源无法储存起来供枯水年使用等问题,使得干旱发生时容易造成旱灾。

1.2.1.2 干旱分类

作为一种自然现象,干旱的发生发展过程均在一定的时空范围内。以水循环过程为时间轴线,研究区域(流域)的水循环过程发生水分亏缺,其相应的水循环阶段即会引发干旱。而且,上一个水循环缓解的水分亏缺会影响到下一个环节的循环过程,每个环节都会随水循环的进程而产生交互影响。由于干旱的发生悄无声息,起止时间较难界定,干旱强度也很难被准确检测,到目前为止,干旱尚无统一准确的定义。

干旱根据受旱机制的不同分为气象干旱、水文干旱、农业干旱、社会经济干旱以及生态干旱。气象干旱主要指持续一段时间的降水亏缺现象;农业干旱是指在农作物生长发育过程中,因降水不足、土壤含水量过低或作物得不到适时适量的灌溉,致使供水不能满足农作物的正常需水,而造成农作物减产;水文干旱是指气候变化和人类活动引起的地表水资源量和地下水资源量在一定程度上的减少;社会经济干旱则是指当水分供需不平衡,水分供给量小于需求量时,正常社会经济活动受到水分条件制约影响的现象;生态干旱是指由于供水受限、蒸散发大致不变导致的地下水位下降、物种丰富度下降、群落生物量下降以及湿地面积萎缩的现象。

生态干旱是各类干旱中最复杂的一个,涉及气象、水文、土壤、植被、地理和社会经济等各个方面,气象干旱、水文干旱和社会经济干旱在一定程度上均可能引发生态干旱。生态干旱直接影响生态系统的功能和结构,严重时对生态系统产生毁灭性的破坏。随着全球变化研究的深入,越来越多的研究开始关注干旱对大区域生态系统的影响,越来越多的学者开始关注生态干旱方面的研究。

在几类干旱中,气象干旱最直观的旱象表现在降水量的减少、蒸发量的增大,与研究区域的气候变化特征紧密相关;农业干旱主要与前期土壤湿度,作物生长期有效降水量、作物需水量、灌溉条件以及种植结构有关;水文干旱是一种持续性的、区域性河川径流量和水库需水量较正常年或多年平均值偏少、难以满足自然和社会需水要求的水文现象;社会经济干旱(工业服务业)是由于经济、社会的发展,需水量日益增加,区域可供水不足影响生产、生活等活动,其指标常与一些经济商品的供需联系在一起,如建立降水、径流和粮食生产、工业损失产值(发电量)、服务业产值(航运、旅游效益)以及生命财产损失等关系。农业、水文和社会经济干旱更关注人类和社会方面造成的影响,生态干旱则是人类关注对自己赖以生存的环境所产生的影响。

几种类型干旱之间既有联系,也有区别。气象干旱是其他类型干旱发生发展的基础。由于农业、水文、社会经济和生态干旱的发生同时受到地表水和地下水供应的影响,其频率显著小于气象干旱。气象干旱持续一段时间,才有可能引发农业、水文干旱,并随着干旱的逐渐演进,可能诱发社会经济干旱、生态干旱从而造成严重的后果。若长时间降水偏少后气象干旱发生,则农业干旱发生与否要取决于气象干旱发生的时间、地点、灌溉条件及种植结构等条件。通常,在气象干旱发生几周后,土壤水分出现亏缺,农作物、草原和牧场才会表现出一定的旱象。持续数月的气象干旱会导致江河径流、湖泊、水库以及地下水位下降,从而引发水文干旱。水文干旱是各种干旱类型的过渡表现形式,是气象干旱和农业干旱的延续,水文干旱的发生意味着水分亏缺已经十分严重。当水分短缺影响到人类生活或经济生产需水时,就发生了社会经济干旱,并且一旦发生了严重的水文干旱,必然引发社会经济干旱或生态干旱。水文干旱的压力累进到一定程度必然转移干旱的风险,作用于社会经济和生态系统承灾体。而且地表水与地下水系统水资源供应量受其管理方式的影响,使得降水不足与主要干旱类型的直接联系降低。同样,滞后若干时间后水文干旱的发生也存在一定的不确定性;农业干旱发生时气象干旱和水文干旱未必一定发生,但是发生了农业干旱则一定发生社会经济干旱,在一定程度上也会诱发生态干旱。由于农业生态系统是人工化的生态系统,因此农业干旱在一定程度上也属于生态干旱的范畴。自然植被的干旱抵抗能力强于农业植被,但是发生严重干旱时,通过人类活动取水灌溉有限的水资源应用于农业,会使自然植被生长受到影响,从而引发生态干旱(尤其在有灌溉条件的区域)。发生严重水文干旱时,社会经济干旱和生态干旱发生的风险增高。水文干旱与农业干旱存在着包含关系,而社会经济干旱与气象干旱、水文干旱并不存在包含关系。例如,在发生气象干旱后,假如能及时为农作物提供灌溉,或采取其他农业措施保持土壤水分,满足作物需要,就不会形成农业干旱。但在灌溉设施不完备的地方,气象干旱是引发农业干旱的最重要因素。气象干旱、农业干旱、水文干旱及社会经济干旱都有可能直接引发生态干旱,造成草地枯黄、森林死亡。然而,随着社会经济的快速发展,人类需水量日益增加,高强度的取水可能会引发水文干旱。而且,在社会经济用水优先的管理模式下,当人类生活生产用水严重挤占生态用水时,会直接引发生态干旱。社会经济干旱发生时,不一定发生气象干旱、水文干旱,在工业用水优先的前提下必然发生农业干旱和生态干旱。生态干旱发生时,说明农业干旱、水文干旱和社会经济干旱必然发生,气象干旱有可能发生,也有可能不发生。各干旱类型之间的相互关系见图1-1。

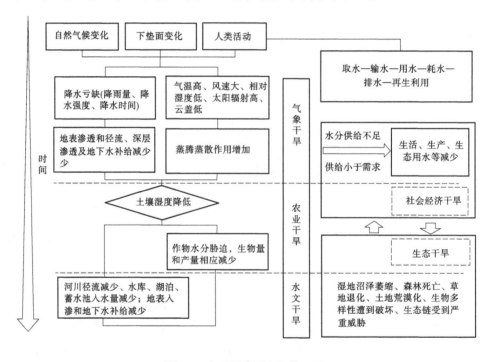

图 1-1　各干旱类型之间关系图

综上所述,不同类型干旱之间密切关联,其各自的发生时间、持续时间和发生强度等干旱特征在干旱持续发展的过程中都遵循一定的规律,因此开展不同时段的干旱发展特征科学监测有利于及时掌握干旱发展态势,对于区域干旱综合管理具有重要意义。

1.2.2　旱情分布与特点

1.2.2.1　干旱分布

安徽省地处南北气候过渡带,属季风盛行区,南北冷暖气团交绥频繁,气候复杂多变,水资源和人口时空分布不均,全省都有可能发生干旱灾害,主要易旱受灾地区是丘陵地区,江淮分水岭两侧。根据安徽省的地形和干旱的影响范围可把全省大致区划为如下4个区域。

1.淮北平原

淮北平原因地势平坦,地面坡度小,河沟量少且不配套,蓄水困难,排灌条件差。该地区洪、涝、旱、渍四害俱全,是全省水旱灾害最重的区域,也是治水任务最重的地区。

2.丘陵地区

丘陵地区有两大片,一片是江淮丘陵区,一片是江南丘陵区,是安徽省水稻的主产区之一。该地区地势较高,岗冲交错,坡度较陡,排水容易,蓄水较难,小库小塘虽多,但抗旱能力偏低,经常易旱成灾。

3.沿江圩区

沿江圩区是水稻、棉花生产区,水源丰富,因地势低洼,汛期外河水位高,内水不能自排,易产生洪涝。但如遇降水量极少年份,江、湖水位显著下降,河港蓄水偏枯,影响泵站正常抽灌也会造成局部性的短期干旱。

4.山区

安徽山区也有两大片,一片为皖南山区,另一片为大别山区,山高坡陡,暴雨易引发山洪泥石流;又由于蓄水工程少且小,灌溉引水靠堰和塘,抗旱能力较低,因耕地率较低,小旱影响不大,大旱时水源很难解决。

1.2.2.2　干旱特点

从空间分布来说,降水的不均匀,使得全省范围内每一个地方都有因缺水而受旱的可能性。安徽省的年降水量分布特征是由南向北递减,而蒸发量则由南向北递增,因此安徽省旱灾北部重于南部;江淮丘陵地区旱灾最重,尤其是江淮分水岭两侧不仅重于江淮之间南部,也重于淮北北部;沿江旱灾较轻;皖南山区和大别山区旱灾相对较轻,其特征是小旱影响不大,大旱则水源困难。

从时间分布来说,安徽地处南北气候过渡带,冬季多受西伯利亚、蒙古高压控制,盛行西北季风,寒冷干燥;夏季因西太平洋副热带暖性高压强盛,形成东南季风,带来暖湿气流,温暖而潮湿。安徽省秋季最容易出现全省性干旱。淮北易出现春夏旱(3~6月)和秋旱,北部和中部也有冬旱。江淮之间和沿江江南最易出现伏旱(7月中旬以后)及秋旱。

1.3　研究的目的与意义

1.3.1　水灾

安徽省自然地理条件复杂,降水在时空分布上十分不均匀,因此洪涝灾害的发生十分频繁。为防洪减灾,必须积极引进当今社会最新科研成果,在洪涝灾害监测评估中,遥感技术对灾害监测评估有特殊的优势和潜力。遥感技术具有宏观、快速、动态、经济等特点,能够提供动态、快速、多平台、多时相、高分辨率观测数据,已成为洪涝灾害监测与评估的重要支撑手段。

洪涝灾害具有自然属性和社会经济属性双重特征,洪水是形成洪涝灾害的直接原因,显示了洪涝灾害自然属性的一面,人类活动是洪涝灾害的主要承受体,是洪涝灾害形成的必要条件,表现为人类经济活动受到洪涝灾害一定程度的干扰。通过对洪涝灾害淹没范围、淹没水深等自然属性监测指标和监测方法及基于统计方法和3S技术(3S技术指遥感技术(remote sensing,RS)、地理信息系统(geography information systems,GIS)和全球定位系统(global positioning systems,GPS)的统称。)的灾害分析评估方法的研究,并结合相关实例进行分析评估,为今后洪涝灾害监测与评估提供参考。

1.3.2　旱情

旱情顾名思义是干旱的情况与程度,干旱是对人类社会影响最严重的气候灾害之一,对粮食安全、饮水安全和生态安全有着重要影响。旱情监测是抗旱工作的前提和基础,作为一项重要的非工程措施,旱情监测对于实时掌握旱情动态、科学指导抗旱救灾、最大限度地减少旱灾损失、提高抗旱管理水平、缓解水资源短缺矛盾、保护人民生命财产安全、实现水资源的可持续利用、保障社会经济的可持续发展等都具有十分重要的现实意义。

传统的基于土壤墒情测站的旱情监测方法,只能获得少量的点数据,再加上人力、物力、财力等因素的制约,难以迅速而及时地获得大面积的旱情信息,使得大范围的旱情监测和评估缺乏时效性和代表性。遥感旱情监测方法则是面上的监测,具有监测范围广、空间分辨率高、信息采集实时性强和业务应用性好等特性,可有效地弥补地面观测系统成本高、空间覆盖率低和观测滞后的缺点,为各级减灾部门及时高效提供决策支持服务。随着卫星遥感技术的迅速发展,干旱遥感监测模型实用化程度越来越高,遥感技术已成为旱情监测的重要支撑手段。

1.4　主要研究内容

1.4.1　水灾

水灾方面的研究主要从水灾监测、灾情评估和实例应用3个方面展开。

(1)水灾监测部分对水灾监测的手段、方法进行了介绍,基于3S技术,分别介绍了水灾淹没范围和淹没水深的估算方法。

（2）灾情评估部分从人口、房屋、农作物以及其他 4 个方面，对水灾灾情的指标进行了梳理，总结了基于统计方法和 3S 技术对灾情进行评估的方法，以及江心洲水灾风险性分析方法。

（3）实例应用部分分别介绍了安徽省长江流域水灾分析评估、宁国市水灾分析评估以及江心洲水灾风险性分析。

1.4.2　旱情

旱情方面的研究内容主要从遥感监测、监测指标和实例应用 3 个方面展开。

（1）遥感监测部分分别梳理了基于水体面积变化的旱情遥感监测、基于 TVDI 方法的 MODIS 旱情监测和基于森林易燃区域的旱情遥感监测。

（2）监测指标主要分典型指标和遥感监测指标两部分，典型指标包括单一指标和综合指标，遥感监测指标包括植被指数、降水、土壤湿度和蒸散发。

（3）实例应用部分分别从水体面积变化监测、遥感旱情监测、易燃区域监测和综合分析 4 个方面，以安徽省为例，进行了相应的分析。

第2章　遥感监测理论与方法

2.1　遥感数据源介绍

近年来,遥感技术以其快捷、高效、大面积、连续实时等优势被广泛应用于国民经济建设、防灾减灾等各行各业中。其中,在洪涝灾害的灾前预警准备、灾中监测与救援和灾后评估恢复阶段及旱情监测中越来越发挥重要的作用。本节将对国内外主要遥感数据源及其特点进行介绍。

2.1.1　卫星遥感数据源

目前,国内外灾害监测和救援工作中常用到的卫星遥感数据类型主要包括可见光/反射红外光学数据、热红外数据和微波数据(见表2-1)。这些各具特点、针对性不同的遥感数据,构成了减灾救灾中遥感技术信息支持的基础。

表2-1　国内外灾害监测常用卫星

卫星	数据类型	分辨率(m)	幅宽(km)	主要应用
Landsat(美国)	TM 数据	30~120	185	地质灾害调查、病虫害监测
	ETM+数据	15~60		洪水评估、地震滑坡解译
SPOT(法国)	HRV 数据	10~20	60	地震灾后评估、地震滑坡堰塞湖监测、旱情监测
IKONOS-2（美国）	可见光	1~4	350~930	大范围洪灾监测
Quickbird-2（美国）	可见光	0.61~2.88	16.5	洪水淹没区识别

续表 2-1

卫星	数据类型	分辨率(m)	幅宽(km)	主要应用
IRS-1C/1D（印度）	可见光/红外	5.8~188	70~774	灾害与环境监测
NOAA(美国)	AVHRR 数据	1 100	2 800	洪水制图、干旱监测
EROS-A/B（以色列）	可见光	1.9/0.7	14/7	灾害评估、环境监测
FY-1/2/3（中国）	可见光/水汽/红外数据	1 250~5 000	3 000	干旱监测、山洪泥石流预报与评估、洪涝灾害监测
HJ-1A/B/C（中国）	可见光/红外/超光谱数据/SAR	30~300	50~720	干旱监测、林火监测、洪涝灾害监测
高分系列（1~9 号）（中国）	可见光/SAR	—	1 052~1 082	防灾减灾、环境监测与保护
CBERS-01/02/02B（中国/巴西）	可见光/红外	2.36~156	113~890	荒漠化调查和检测、洪涝灾害监测与评估、旱情监测
Terra/Aqua（美国）	MODIS 数据	250~1 000	2 330	洪水淹没区识别、森林火灾监测、病虫害监测
ALOS（日本）	PALSAR 数据	10~100	250~350	地表形变观测
JERS-1（日本）	SAR 数据	18	75	环境保护、灾害监测
TRMM（美国/日本）	降雨数据	25 000	220	干旱监测
Radarsat（加拿大）	SAR 数据	3~100	10~500	洪涝监测评估、地震道路损毁监测、泥石鉴定
TerraSAR（德国）	SAR 数据	1~16	10~100	地震地质评估、地表形变监测
ERS-2（欧空局）	SAR 数据	<30	100	洪涝监测
Envisat（欧空局）	ASAR 数据	30~1 000	58~405	洪涝监测

(1)可见光/反射红外遥感。主要指利用可见光(0.4~0.7 μm)和近红外波段(0.7~2.5 μm)的遥感技术统称。可见光在电磁波谱中,只占一个狭窄的区间,波长范围0.4~0.76 μm。它由红、橙、黄、绿、青、蓝、紫等色光组成。人眼对可见光可直接感觉,不仅对可见光的全色光,而且对不同波段的单色光,也都具有这种能力。所以可见光是作为鉴别物质特征的主要波段。在遥感技术中,常用光学摄影方式接收和记录地物对可见光的反射特征。近红外在性质上与可见光相似,由于它主要是地表面反射太阳的红外辐射,因此又称为反射红外。在遥感技术中采用摄影方式和扫描方式,接收和记录地物对太阳辐射的红外反射。在摄影时,由于受到感光材料灵敏度的限制,目前只能感测0.76~1.3 μm的波长范围。近红外波段在遥感技术中也是常用波段。可见光与发射红外共同的特点是,其辐射源是太阳,在这两个波段上只反映地物对太阳辐射的反射,根据地物反射率的差异,就可以获得有关目标物的信息,它们都可以用摄影方式和扫描方式成像。

(2)热红外遥感。是指通过红外敏感元件,探测物体的热辐射能量,显示目标的辐射温度或热场图像的遥感技术的统称。中红外、远红外和超远红外是产生热感的原因,所以又称为热红外。自然界中任何物体,当温度高于绝对温度(-273.15 ℃)时,均能向外辐射红外线。物体在常温范围内发射红外线的波长多为3~4 μm,而15 m以上的超远红外线易被大气和水分子吸收,所以在遥感技术中主要利用3~15 μm波段,更多的是利用3~5 μm和8~14 μm波段。热红外遥感具有昼夜工作的能力。常见的Landsat卫星(TM/ETM + 数据)、NOAA卫星(AVHRR数据)、HJ卫星和FY卫星中均设置了热红外通道以获取地面物体的热辐射性质。热红外遥感在地球信息获取方面有很多优势:①依赖地物的昼夜辐射能量成像,不受日照条件的限制和日夜限制,可全天成像;②对环境中的水汽含量信息敏感,水体与其他地物区别明显,易于从中提取水体信息。热红外遥感数据也存在一些缺陷:①易受大气中的水汽和气溶胶吸收作用影响;②天气条件和电子噪声等因素均会引起其成像的不规则性,从而在图像中表现出"热"假象。

(3)微波遥感。是指利用波长1~1 000 mm电磁波遥感的统称。微波又可分为毫米波、厘米波和分米波。微波辐射和红外辐射两者都具有热辐射性质。由于微波的波长比可见光、红外线要长,能穿透云、雾而不受天气影响,所以能进行全天候全天时的遥感探测。微波遥感可以采用主动方式或被动方式成像。另外,微波对某些物质具有一定的穿透能力,能直接透过植被、冰雪、土壤等表层覆盖物。因此,微波在遥感技术中是一个很有发展潜力的遥感波段。微波遥感可以分为无源(被动)和有源(主动)两大类。被动微波主要包括微波辐射计、星载微波辐射计,如AMSR-E、SMOS等,而主动微波又可分为散射计、高度计和合成孔径雷达(SAR)。微波高度计常被用于海冰、海面风速以及内陆湖泊水位的测量,如搭载在ENVISAT卫星上的RA-2高度计。散射计设计之初被用来测量海面风速,后来也被人们用来研究土壤水分的反演,如ASCATO星载微波辐射计和散射计由于空间分辨率较低,常被用于全球尺度的土壤水分研究中。微波遥感具有优于可见光和热红外波段的独特性质:①不依赖太阳光照,可不分昼夜进行探测,具有极强的全天候、全天时的探测能力;②大气对微波传输影响可以忽略,在恶劣天气环境下,能够穿透浓厚的云层和一定程度的雨区进行全天候作业;③成像的立体效应可以增强地形、地貌及地质构造的探测效果。但微波遥感数据同样存在一些不足,如由侧视成像引起的图像几何失真、因相干斑现象严重造成的解译困难等。

2.1.1.1　高分辨率遥感数据介绍

高分辨率遥感数据包括高光谱分辨率、高空间分辨率、高时间分辨率(简称"三高")。近年来,高分辨率图像得到了飞速发展,在国民经济建设、减灾防灾与地图测绘方面具有十分广阔的应用前景。特别是高空间分辨率卫星影像,不但含有丰富的地物光谱信息,而且在地质结构、纹理和其他细节等信息上也可以清晰识别,为光谱信息相近的信息提取提供了可靠的数据来源。世界上许多国家或地区都十分重视高分辨率成像卫星的研究开发,竞争日益激烈。

1.国外常用商业高分辨率卫星

国外常用商业高分辨率卫星见表 2-2。

表 2-2　国外常用商业高分辨率卫星

卫星种类	发射年份	最高地面分辨率(m)
IKONOS(美国)	1999	1
Quickbird(美国)	2001	0.61
SPOT5(法国)	2002	2.5
Orb View-3(美国)	2003	1
RESOURCESAT-1(IRS-P6)(印度)	2003	5.8
FORMOSAT-2(中国台湾)	2004	2
CartoSAT-1(IRS-P5,印度)	2005	2.5
ALOS(日本)	2006	2.5
EROS-B(以色列)	2006	0.7
Resurs DK-1(俄罗斯)	2006	0.9
KOMPSAT-2(韩国)	2006	1
CartoSAT-2(印度)	2007	0.8

续表 2-2

卫星种类	发射年份	最高地面分辨率(m)
Worldview-1(美国)	2007	0.5
Radarsat-2(加拿大)	2007	3
COSMO-SkyMed(意大利)	2007	1
TerraSAR-X(德国)	2007	1
THEOS(泰国)	2008	2
RapidEye(德国)	2008	5
GeoEye-1(美国)	2008	0.41
Worldview-2(美国)	2009	0.46
Pleiades-1(法国)	2011	0.5

2.国产高分辨率卫星

国产高分辨率卫星情况见表 2-3。

表 2-3　主要国产高分辨率卫星

卫星种类	发射年份	最高地面分辨率(m)
北京一号卫星 BJ-1	2005	4
中巴地球资源卫星 CBERS-02B	2007	2.36(HR)
遥感二号	2007	2
天绘一号	2010	5
资源一号 ZY1-02C	2011	2.36(HR)
资源三号 ZY3	2012	2.1(正视)
高分系列	2013 至今	1
吉林一号	2015 至今	0.72

2.1.1.2　主要遥感卫星传感器介绍

1.NOAA/AVHRR

美国 NOAA 气象卫星为太阳同步极轨卫星,高度为 833~870 km,轨道倾角 98.7°,成像周期 12 h,当前采用双星运行,同一地区每天可有 4 次过境机会。我国北京气象卫星地面站的观测时间,一颗约为 7 时 30 分与 19 时 30 分,另一颗约为 3 时与 15 时。一般选用白天(早晨和午后)两个时间的数据,由于重复观测时间短,因此非常有利于多时相高密度的动态监测。

自 1970 年 12 月发射第一颗 NOAA 卫星以来,近 40 年连续发射了 19 颗。NOAA 卫星共经历了 5 代,目前使用较多的为第五代 NOAA 卫星,包括 NOAA-15~NOAA-19,作为备用的第四代卫星,包括 NOAA-9~NOAA-14。从 NOAA-6(1979 年 6 月 27 日)开始,NOAA 卫星系列带上了改进型甚高分辨率辐射仪 AVHRR(advanced very high resolution radiometer,AVHRR)等 5 种传感器。第五代卫星(NOAA-15~NOAA-19)传感器采用改进型甚高分辨率辐射仪(AVHRR/3)和先进 TIROS 业务垂直探测器(ATOVS),包括高分辨率红外辐射探测仪(HIRS-3)、先进的微波探测装置 A 型(AMSU-A)和先进的微波探测装置 B 型(AMSU-B)。其中,AVHRR/3 传感器包括 5 个波段,即可见光红色波段、近红外波段、中红外波段和两个热红外波段,参数见表 2-4。

表 2-4　AVHRR/3 波段信息

通道序号	波长范围(μm)	主要用途
1	0.58~0.68	白天图像、植被、冰雪、气候……
2	0.725~1.00	白天图像、植被、水/路边界、农业估产、土地利用调查
3a	1.58~1.64	白天图像、土壤湿度、云雪判识、干旱监测
3b	3.55~3.93	下垫面高温点、夜间云图、森林火灾、火山活动
4	10.30~11.30	昼夜图像、海表和地表温度、土壤湿度
5	11.50~12.50	昼夜图像、海表和地表温度、土壤湿度

注:3a 为白天工作,3b 为夜间工作。

AVHRR 作为 NOAA 系列卫星的主要探测仪器,星上探测器扫描角为 ±55.4°,相当于探测地面 2 800 km 宽的带状区域,两条轨道可以覆盖我国大部分国土,三条轨道可完全覆盖我国全部国土。AVHRR 的星下点分辨率为 1.1 km。由于扫描角大,图像边缘部分变形较大,实际上最有用的部分在 ±15° 范围内(15° 处地面分辨率为 1.5 km),这个范围的成像周期为 6 d。

2.EOS/MODIS

美国国家航空航天局(NASA)自 1991 年开始实施对地观测系列(Earth Observation System,EOS)计划。1999 年 12 月 18 日成功发射了这一系列对地观测卫星中得第一颗卫星 TERRA(极地轨道环境遥感卫星),过顶时间为当地时间上午 10 时 30 分和晚上 10 时 30 分,以取得最好光照条件并最大限度地减少云的影响。第二颗星卫 AQUA 于 2002 年 5 月 4 日发射成功,其主要任务也是对地观测,每日地方时下午过境,在数据采集时间上与 TERRA 形成互补。

中分辨率成像光谱仪 MODIS (Moderate-resolution Imaging Spectroradiometer)是 EOS 系列卫星的主要探测仪器,是 CZCS、AVHRR、HIRS 和 TM 等仪器的继续,具有 36 个光谱通道,分布在 0.4~14 μm 的电磁波谱范围内,覆盖了当前各主要遥感卫星的主要观测通道,各通道范围和主要用途见表 2-5。星下点的空间分辨率 1~2 通道为 250 m、3~7 通道为 500 m、8~36 通道为 1 000 m,扫描速度 20.3RPM,扫描宽度 2 330 km×10 km,其横向的扫描每次是一条宽度约 10 km 的扫描带,其中包含了 1 000 m 分辨率的扫描线 10 条、500 m 分辨率的扫描线 20 条、250 m 分辨率的扫描线 40 条。与 NOAA 卫星相比,MODIS 空间分辨率大幅提高,提升了一个量级,即由 NOAA 的千米级提高到了 MODIS 的百米级。另外,光谱分辨率也大大提高,36 个光谱通道观测大大增强了对地球复杂系统的观测能力和对地表类型的识别能力。

表 2-5　MODIS 光谱波段和主要用途

用途	通道	带宽	光谱辐射率 [W/(cm² · μ · Sr)]	信噪比要求
陆地/云/汽溶胶边界	1	620~670	21.8	128
	2	841~876	24.7	201
陆地/云/汽溶胶特性	3	459~479	35.3	243
	4	545~565	29.0	228
	5	1 230~1 250	5.4	74
	6	1 628~1 652	7.3	275
	7	2 105~2 155	1.0	110
海洋水色/浮游植物/生物地球化学	8	405~420	44.9	880
	9	438~448	41.9	838
	10	483~493	32.1	802

续表 2-5

用途	通道	带宽	光谱辐射率 [W/(cm² · μ · Sr)]	信噪比要求
海洋水色/浮游植物/ 生物地球化学	11	526~536	27.9	754
	12	546~556	21.0	750
	13	662~672	9.5	910
	14	673~683	8.7	1 087
	15	743~753	10.2	586
	16	862~877	6.2	516
大气水汽	17	890~920	10.0	167
	18	931~941	3.6	57
	19	915~965	15.0	250
地面/云温度	20	3.660~3.840	0.45（300 K）	0.05
	21	3.929~3.989	2.38（335 K）	2.00
	22	3.929~3.989	0.67（300 K）	0.07
	23	4.020~4.080	0.79（300 K）	0.07
大气温度	24	4.433~4.498	0.17（250 K）	0.25
	25	4.482~4.549	0.59（275 K）	0.25
卷云水汽	26	1.360~1.390	6.00	150（SNR）
	27	6.535~6.895	1.16（240 K）	0.25
	28	7.175~7.475	2.18（250 K）	0.25
云特性	29	8.400~8.700	9.58（300 K）	0.05
臭氧	30	9.580~9.880	3.69（250 K）	0.25
地面/云温度	31	10.780~11.280	9.55（300 K）	0.05
	32	11.770~12.270	8.94（300 K）	0.05
	33	13.185~13.485	4.52（260 K）	0.25
云顶高度	34	13.485~13.785	3.76（250 K）	0.25
	35	13.785~14.085	3.11（240 K）	0.25
	36	14.085~14.385	2.08（220 K）	0.35

注:表中通道 1~19 单位为纳米(nm),通道 20~36 的单位为微米(μm);实际信噪比性能目标优于要求的 30%~
40%。

当前,MODIS 是卫星上唯一将实时观测数据通过 X 波段向全世界直接广播、可以免费接收并无偿使用数据的星载仪器,全球许多国家和地区都在接收和使用 MODIS 数据,其 36 个波段的数据可以同时提供反映陆地、云边界、云特征、海洋水色、浮游植物、生物地理、化学、大气水汽、地表温度、云顶温度、大气温度、臭氧和云顶高度等来自大气、海洋和陆地表面的信息。这些数据对于开展自然灾害与生态环境监测、全球环境变化研究以及全球气候变化的综合性研究等有着非常重要的意义。

3.Landsat/TM,ETM

美国 NASA 的陆地卫星(Landsat)计划(1975 年前称为地球资源技术卫星 ERTS),从 1972 年 7 月 23 日以来,已发射 7 颗(第 6 颗发射失败)。目前 Landsat-1~Landsat-4 均相继失效,Landsat-5 仍在超期运行(从 1984 年 3 月 1 日发射至今),Landsat-7 于 1999 年 4 月 15 日发射升空,目前仍在轨运行,但从 2003 年 5 月 31 日开始由于设备异常,接收影像质量下降(见表 2-6)。

表 2-6　Landsat 卫星发射一览表

卫星参数	Landsat-1	Landsat-2	Landsat-3	Landsat-4	Landsat-5	Landsat-6	Landsat-7
发射时间 (年-月-日)	1972-07-23	1975-01-22	1978-03-05	1982-07-16	1984-03-01	1993-10-05	1999-04-15
卫星高度 (km)	920	920	920	705	705	发射失败	705
半主轴 (km)	7 285.438	7 285.989	7 285.776	7 083.465	7 285.438	7 285.438	7 285.438
倾角	103.143°	103.155°	103.115°	98.9°	98.2°	98.2°	98.2°
经过赤道的 时间	8 时 50 分	9 时 3 分	6 时 31 分	9 时 45 分	9 时 30 分	10 时 0 分	10 时 0 分
覆盖周期 (d)	18	18	18	16	16	16	16
扫幅宽度 (km)	185	185	185	185	185	185	185
波段数	4	4	4	7	7	8	8
机载传感器	MSS	MSS	MSS	MSS、TM	MSS、TM	ETM+	ETM+
运行情况	1978 年退役	1976 年失灵, 1980 年修复 1982 年退役	1983 年退役	1983 年 TM 传感器失 效,退役	在役服务	发射失败	2003 年 出现故障

陆地卫星的轨道设计为与太阳同步的近极地圆形轨道,以确保北半球中纬度地区获得中等太阳高度角(25°~30°)的上午成像,而且卫星以同一地方时、同一方向通过同一地点,保证遥感观测条件的基本一致,利于图像的对比。另外,陆地卫星的 MSS、TM 传感器在波段的选择上,均考虑到在各自的条件下最大限度地区分和监测不同类型的地球资源(见表 2-7)。MSS 选用可见光—近红外(0.5~1.0 μm)谱段,共分 4 个波段。TM 选用可见光—热红外(0.45~0.55 μm)谱段,共分 7 个波段。

表 2-7　Landsat-1~Landsat-5/MSS 各波段参数

波段号(Landsat-1~3)	波段(Landsat 4~5)	波段	波长范围(μm)	分辨率(m)
B4	B1	Green	0.5~0.6	78
B5	B2	Red	0.6~0.7	78
B6	B3	Near IR	0.7~0.8	78
B7	B4	Near IR	0.8~1.1	78

Landsat-5/TM,设计寿命为 3 年,却成功在轨运行 27 年,是目前在轨运行时间最长的光学遥感卫星,成为全球应用最为广泛、成效最为显著的地球资源卫星遥感信息源(见表 2-8)。2011 年 11 月 18 日,美国地质调查局(USGS)发布消息称由于卫星上的放大器迅速老化,目前已停止获取 Landsat-5 的卫星遥感影像,这意味着 Landsat-5 极有可能结束其使命。目前,Landsat-5 已进入 90 d 的卫星初始状态,USGS 工程师们试图采取各种办法恢复卫星与地面间的影像传输能力。

表 2-8　Landsat-5/TM 各波段参数

波段号	波段	频谱范围(μm)	地面分辨率(m)
B1	Blue	0.45~0.52	30
B2	Green	0.52~0.60	30
B3	Red	0.63~0.69	30
B4	Near IR	0.76~0.90	30
B5	SWIR	1.55~1.75	30
B6	LWIR	10.40~12.5	120
B7	SWIR	2.08~2.35	30

Landsat-6/ETM,在原 TM 7 个波段的基础上,除增加了一个全分辨率为 15 m 的全色波段 0.5~0.9 μm,还改善了探测器设计,使所有波段数据可自动配准,并有一个 9 bit 的 A/D 转换器提供高、低增益。高增益用于低反射区(如水),低增益用于高反射区(如沙漠)。遗憾的是 Landsat-6 因技术问题发射失败。

Landsat-7/ETM+ ,在原 ETM 的基础上设置了太阳定标器和内部灯定标,以改善辐射定标,且热红外谱段空间分辨率提高了 60 m(见表 2-9)。同时采用 3 种数据传输方式:TDRSS 实时传输系统、磁带记录仪再回放以及 GPS 接收器。2003 年 5 月 31 日,Landsat-7 ETM+机载扫描行校正器(SLC)发生故障,导致此后获取的图像出现了数据条带丢失,严重影响了 Landsat-7 ETM +遥感影像的使用。此后,Landsat-7 ETM SLC-on 是指 2003 年 5 月 31 日 Landsat-7 SLC 故障之前的数据产品,Landsat-7 ETM SLC-OFF 则是指故障之后的数据产品。当前,部分学者开展了受损修复研究,现 ENVI 软件已有相应插件插值修补缺失的条带部分。

表 2-9　Landsat-7/ETM+各波段参数

波段号	波 段	波长范围(μm)	地面分辨率(m)
B1	Blue	0.45~0.515	30
B2	Green	0.525~0.605	30
B3	Red	0.63~0.690	30
B4	Near IR	0.75~0.90	30
B5	SWIR	1.55~1.75	30
B6	LWIR	10.40~12.50	60
B7	SWIR	2.09~2.35	30
B8	Pan	0.52~0.90	15

4.SPOT 卫星

SPOT 卫星是法国空间研究中心(CNES)研制的一种地球观测卫星系统。"SPOT"系法文 Systeme Probatoired′ Observation dela Tarre 的缩写,亦即地球观测系统,至今已发射 SPOT 卫星 1~5 号(见表 2-10)。

表 2-10　SPOT 数据特征

SPOT-1~SPOT-3		SPOT-4			SPOT-5			
波段范围（μm）	空间分辨率 HRV	波段范围（μm）	空间分辨率		波段范围（μm）	空间分辨率		
			HRVIR	VEG		HRG	VEG	HRS
0.51~0.73	10 m	0.49~0.73	10 m		0.49~0.69	2.5 m 或 5 m		10 m
		0.43~0.47		1.5 km	0.43~0.47		1 km	
0.50~0.59	20 m	0.50~0.59	20 m	1.5 km	0.49~0.61	10 m		
0.61~0.68	20 m	0.61~0.68		1.5 km	0.61~0.68	10 m	1 km	
0.79~0.89	20 m	0.79~0.89	20 m	1.5 km	0.78~0.89	10 m		
		1.58~1.75	20 m	1.5 km	1.58~1.75	20 m	1 km	
视场（km）	60	视场（km）	60	2 250	视场（km）	60	2 250	120

　　SPOT-1 号卫星于 1986 年 2 月 22 日发射成功。卫星采用近极地圆形太阳同步轨道。轨道倾角 93.7°,平均高度 832 km（在北纬 45°处）,绕地球一周的平均时间为 101.4 min。轨道是“定态”（phased）的,重复覆盖周期为 26 d。卫星覆盖全球一次共需 369 条轨道。卫星在地方时 10 时 30 分由北向南飞越赤道,此时轨道间距为 108.6 km。随纬度增加轨距缩小。SPOT-1~SPOT-3 卫星的性能基本上是相同的,星上载有两台完全相同的高分辨率可见光遥感器（HRV）,是采用电荷耦合器件线阵（CCD）的推帚式（push-broom）光电扫描仪,其地面分辨率全色波段为 10 m,多光谱波段为 20 m。当以“双垂直”方式进行近似垂直扫描时,两台仪器共同覆盖一个宽 117 km 的区域,并且产生一对 SPOT 影像。两帧影像有 3 km 的重叠部分,其中线在参考轨道上。其中每一影像覆盖面积 60 km×60 km。当进行侧向（可达 27°）扫描时,每一影像覆盖面积为 80 km×80 km。这种交向观测可获得较高的重复覆盖率和立体像对,便于进行立体测图。

　　SPOT-4 于 1998 年 3 月发射,它增加了一个短波红外波段（1.58~1.75 μm）;把原 0.61~0.68 μm 的红波段改为 0.49~0.73 μm 包含“红”的波段,并替代原全色波段。增加了一个多角度遥感仪器,即宽视域植被探测仪 Vegetation（VGT）,用于全球和区域两个层次上对自然植被和农作物进行连续监测,对大范围的环境变化、气象、海洋等应用研究很有意义。VGT 垂直方向的空间分辨率为 1.15 km,扫描宽度为 2 250 km,可见光—短波红外（0.43~1.75 μm）共 5 个波段。

　　SPOT-5 于 2002 年 5 月 4 日发射,星上载有 2 台高分辨率几何成像装置(HRG)、1 台高分辨率立体成像装置(HRS)、1 台宽视域植被探测仪(VGT)等,空间分辨率最高可达 2.5 m,前后模式实时获得立体像对,运营性能有很大改善,在数据压缩、存储和传输等方面也均有显著提高。

　　目前,SPOT-1 和 SPOT-2 卫星的各两台星载磁带记录仪均已失灵,SPOT-3 卫星于 1996 年 11 月突然停止工作而报废,只有 SPOT-4 和 SPOT-5 卫星均在正常运行。

　　5.中巴地球资源卫星(CBERS)

　　中巴地球资源卫星(CBERS)是 1988 年中国和巴西两国政府联合议定书批准,由中巴两国共同投资、联合研制的卫星(见表 2-11)。1999 年 10 月 14 日,中巴地球资源卫星 01 星(CBERS-01)成功发射,在轨运行 3 年 10 个月;02 星(CBERS-02)于 2003 年 10 月 21 日发射升空。

表 2-11　CBERS-01/02 星传感器基本参数

传感器名称	CCD 相机	宽视场成像仪(WFI)	红外多光谱扫描仪(IRMSS)
传感器类型	推扫式	推扫式(分立相机)	振荡扫描式(前向和反向)
可见/近红外波段 (μm)	B1:0.45~0.52 B2:0.52~0.59 B3:0.63~0.69 B4:0.77~0.89 B5:0.51~0.73	B10: 0.63~0.69 B11: 0.77~0.89	B6: 0.50~0.90
短波红外波段 (μm)	无	无	B7: 1.55~1.75 B8: 2.08~2.35
热红外波段 (μm)	无	无	B9: 10.4~12.5
辐射量化 (bit)	8	8	8
传感器名称	CCD 相机	宽视场成像仪(WFD)	红外多光谱扫描仪(IRMSS)
传感器类型	推扫式	推扫式(分立相机)	振荡扫描式(前向和反向)
扫描带宽(km)	113	890	119.5
每波段像元数	5812 像元	3456 像元	波段 6~8: 1536 像元 波段 9: 768 像元
空间分辨率 (星下点)(m)	19.5	258	波段 6~8: 78 波段 9: 156
有无侧视功能	有(-32°~+32°)	无	无
视场角(°)	8.32	59.6	8.80

2004 年中巴两国正式签署补充合作协议,启动 CBERS-02B 星研制工作。2007 年 9 月 19 日,卫星在中国太原卫星发射中心发射,并成功入轨,2007 年 9 月 22 日首次获取了对地观测图像。此后两个多月时间里,完成了卫星平台在轨测试、有效载荷的在轨测试和状态调整及数据应用评价等工作,正式投入使用。

CBERS-02B 星是具有高、中、低 3 种空间分辨率的对地观测卫星,搭载的 236 m 分辨率的 HR 相机改变了国外高分辨率卫星数据长期垄断国内市场的局面,在国土资源、城市规划、环境监测、减灾防灾、农业、林业、水利等众多领域发挥重要作用(见表 2-12)。

表 2-12　CBERS-02B 星传感器基本参数

有效载荷	波段号	光谱范围 (μm)	空间分辨率 (m)	幅宽 (km)	侧摆能力	重访时间 (d)	数传数据率 (Mb/s)
CCD 相机	B1	0.45~0.52	20	113	±32°	26	106
	B2	0.52~0.59	20				
	B3	0.63~0.69	20				
	B4	0.77~0.89	20				
	B5	0.51~0.73	20				
高分辨率相机(HR)	B6	0.5~0.8	2.36	27	无	104	60
宽视场成像仪(WFI)	B7	0.63~0.69	258	890	无	5	1.1
	B8	0.77~0.89	258				

6.环境减灾卫星(HJ-1A/B/C)

环境减灾卫星的全称是中国环境与灾害监测预报小卫星星座(简称 HJ 星座),是由多卫星、多传感器组成的遥感卫星星座系统,主要服务于对自然灾害、环境污染、全球变化等的大范围、全天候、全天时动态遥感监测。按照星座建设整体规划,环境减灾小卫星星座采取分阶段建设,第一阶段的建设目标为建成由两颗光学星(环境减灾 A 星、B 星)和 1 颗雷达星(环境减灾 C 星)组成的"2 + 1"星座。其中 A 星、B 星于 2008 年 9 月 6 日以一箭双星的方式在太原卫星发射中心由长征二号丙火箭发射升空,C 星于 2012 年 11 月 19 日在同地用同方式被送入预定轨道。

环境减灾 A 星(HJ-1A)搭载有多光谱相机(CCD)、高光谱成像仪(HSI)。环境减灾 B 星(HJ-1B)搭载有多光谱相机(CCD)、红外多光谱成像仪(IRS)。其中,搭载于双星的 CCD 相机系统是由两台 CCD 相机单元组成(CCD1 和 CCD2)的。两个 CCD 相机单元系统完全相同,以星下点为中心对称放置、平分视场、并行观测,共同提供 CCD 相机整体的多光谱对地观测数据。高光谱成像仪 HSI 采用干涉成像光谱技术实现高光谱数据的获取。而红外多光谱成像仪 IRS 能够获取近红外、短波红外、中红外以及热红外的对地观测数据(见表 2-13)。环境减灾 C 星(HJ-1C)搭载有 S-波段合成孔径雷达,采用微波雷达探测手段,形成全天候观测能力,获云层下的灾害和生态环境信息。

表 2-13　环境减灾 A、B 星有效荷载指标

卫星名称	有效载荷	波段	谱段范围 (μm)	空间分辨率(m)	幅宽(km)	侧摆能力
HJ-1A	CCD	B1	0.43~0.52	30	单台相机:360 双台相机:700	—
		B2	0.52~0.60			
		B3	0.63~0.69			
		B4	0.76~0.90			
	HSI	115	0.45~0.95	100	50	±30°
HJ-1B	CCD	B1	0.43~0.52	30	单台相机:360 双台相机:700	—
		B2	0.52~0.60			
		B3	0.63~0.69			
		B4	0.76~0.90			
	IRS	B1	0.75~1.10	150	720	—
		B2	1.55~1.75			
		B3	3.50~3.90			
		B4	10.5~12.5	300		
HJ-1C	S-波段合成孔径雷达	S	SCAN 模式: 15~25; 条带模式: 4~6	SCAN 模式: 95~105; 条带模式: 35~40		

7.北京一号小卫星(BJ-1)

北京一号小卫星(BJ-1)是根据国家"十五"科技攻关计划和高技术研究发展计划(863 计划)的安排,由北京市、科学技术部、国土资源部、国家测绘局和 21 世纪空间技术

应用股份有限公司共同支持的。

北京一号是一颗具有中高分辨率双遥感器的对地观测小卫星,卫星质量 166.4 kg,轨道高度 686 km。中遥感器分辨率为 32 m(多光谱),幅宽 600 km;高分辨率遥感器为 4 m(全色),幅宽 24 km(见表 2-14)。卫星具有侧摆功能,在轨寿命 5 年(推进系统 7 年)。

表 2-14　北京一号小卫星主要技术参数

质量(kg)	166.4	
外形尺寸	900 cm(长)×770 cm(宽)×912 cm(高)	
寿命	5 年(推进系统 7 年)	
卫星轨道	标称 686 km 的太阳同步轨道,升交点地方时 10 时 45 分	
传感器	多光谱	全色
波谱范围(μm)	B1(Green):0.52~0.61 B2(Red):0.63~0.69 B3(NIR):0.77~0.90	0.50~0.80
地面分辨率(m)	32	4
地面观测幅宽(km)	600	24
单星重访周期	2~3 d	约半年

北京一号小卫星于 2005 年 10 月 27 日在俄罗斯普列谢茨克(PlesetsK)卫星发射场成功发射。经过几个月的在轨测试和试运行,卫星系统、测控系统和地面系统各项功能正常、性能良好、运行稳定。实现了卫星测控、接收和运行的一体化,完全达到了预期设计要求,并在科学技术部支持下,开展了北京一号小卫星数据在土地利用、地质调查、流域水资源调查、洪涝灾害、冬小麦播种面积监测、森林类型识别、城市规划监测和考古等方面的应用研究。

8.资源一号 02C 卫星(ZY1-02C)

资源一号 02C 卫星于北京时间 2011 年 12 月 22 日在中国太原卫星发射中心(TSLC)成功发射升空。资源一号 02C 卫星填补了中国国内高分辨率遥感数据的空白,由中国航天科技集团公司所属中国空间技术研究院负责研制生产。卫星重约 2 100 kg,设计寿命 3年,装有全色多光谱相机和全色高分辨率相机,主要任务是获取多光谱和全色图像数据。卫星搭载 2 台 HR 相机,空间分辨率为 2.36 m,2 台拼接的幅宽达到 54 km;搭载的全色多光谱相机分辨率分别为 5 m 和 10 m,幅宽为 60 km(见表 2-15)。

表 2-15　资源一号 02C 卫星主要技术参数

参数	P/MS 相机			HR 相机
光谱范围(m)	全色		B1：0.51~0.85	0.50~0.80
	多光谱		B2：0.52~0.59	
			B3：0.63~0.69	
			B4：0.77~0.89	
空间分辨率(m)	全色		5	2.36
	多光谱		10	
幅宽(km)	60			1 台:27;2 台:54
侧摆能力(°)	±32			±25
重访周期(d)	3~5			3~5
覆盖周期(d)	55			55

资源一号 02C 卫星具有如下两个显著特点：

(1)配置的 10 m 分辨率 P/MS 多光谱相机是我国民用遥感卫星中最高分辨率的多光谱相机；

(2)配置的 2 台 2.36 m 分辨率 HR 相机使数据的幅宽达到 54 km,从而使数据覆盖能力大幅增加,使重访周期大大缩短。

资源一号 02C 卫星观测数据可用于 1：2.5 万和 1：5 万比例尺土地资源、矿产资源、地质环境调查,以及国土资源、地质灾害应急监测等主体业务,可广泛应用于国土资源调查与监测、防灾减灾、农林水利、生态环境、国家重大工程、农业估产、水利监测、林业调查、海岸带及灾害监测、地震灾情监测等领域。该卫星用户为中国国土资源部。

9.资源三号卫星(ZY3)

北京时间 2012 年 1 月 9 日 11 时 17 分,中国首颗高精度民用立体测绘卫星“资源三号”在太原卫星发射中心由“长征四号乙”运载火箭成功发射升空。

资源三号卫星是中国第一颗自主的民用高分辨率立体测绘卫星,可对地球南北纬 84°以内地区实现无缝影像覆盖,回归周期为 59 d,重访周期为 5 d。卫星的设计工作寿命为 4 年。卫星采用经适应性改进的资源二号卫星平台,配置 4 台相机:1 台地面分辨率优于 2.1 m 的正视全色 TDI CCD 相机;2 台地面分辨率优于 3.5 m 的前视、后视全色 TDI CCD 相机;1 台地面分辨率优于 5.8 m 的正视多光谱相机(见表 2-16)。

表 2-16　资源三号卫星主要技术参数

有效载荷	波段号	光谱范围(μm)	空间分辨率(m)	幅宽(km)	侧摆能力(°)	重访时间(年)
前视相机	—	0.50~0.80	3.5	52	±32	3~5
后视相机	—	0.50~0.80	3.5	52	±32	3~5
正视相机	—	0.50~0.80	2.1	51	±32	3~5
多光谱相机	1	0.45~0.52	6	51	±32	5
	2	0.53~0.59				
	3	0.63~0.69				
	4	0.77~0.89				

　　资源三号上搭载的前、后、正视相机可以获取同一地区 3 个不同观测角度立体像对能够提供丰富的三维几何信息,填补了我国立体测图这一领域的空白,具有里程碑意义。资源三号卫星主要用于 1∶5 万比例尺立体测图和数字影像制作,又可用于 1∶2.5 万等更大比例尺地形图部分要素的更新,还可为农业、灾害、资源环境、公共安全等领域或部门提供服务。

10.快鸟卫星(QuickBird)

　　QuickBird 卫星于 2001 年 10 月 18 日由美国 Digital Globe 公司在美国范登堡空军基地发射,是目前世界上最先提供亚米级分辨率的商业卫星,卫星影像全色波段地面分辨率为 0.61 m,多光谱波段地面分辨率为 2.44 m,可用于评估各种自然灾害,如地震、火灾、水灾、风灾等灾情(见表 2-17)。评估灾情往往需要制作大比例尺地图,以判明水灾发生时的洪涝区域、地震发生后房屋损坏情况、火灾或风灾发生后对地区造成的破坏等。

表 2-17　QuickBird 卫星主要成像参数

项目	指标	
成像方式	推扫式扫描成像方式	
传感器	全色波段	多光谱波段
分辨率(m)	0.61(星下点)	2.44(星下点)
波谱范围(μm)	0.45~0.90	蓝:0.45~0.52
		绿:0.52~0.66
		红:0.63~0.69
		近红外:0.76~0.90

续表 2-17

项目	指标
量化值	16 bit/8 bit
星下点成像	沿轨/横轨迹方向(+/ ~25°)
立体成像	沿轨/横轨迹方向
辐照宽度(km)	以星下点轨迹为中心,左、右各 272
成像模式	单景 16.5 km×16.5 km
条带	16.5 km×165 km
轨道高度(km)	450
倾角(°)	98(太阳同步)
重访周期(d)	1~6(0.7 m 分辨率,取决于纬度高低)

11.IKONOS 卫星

IKONOS 卫星是美国空间成像公司于 1999 年 9 月 24 日发射升空的世界上第一颗高分辨率商用卫星,由美国洛克希德马丁(Lockheed Martin)公司设计制造,雷神(Raytheon)公司负责建立地面接收系统和影像处理系统即客户服务系统。IKONOS 卫星的成功发射不仅实现了提供高清晰度且分辨率达 1 m 的卫星影像,而且开拓了一个新的更快捷、更经济获得最新基础地理信息的途径,更是创立了新的商业化卫星影像的标准。IKONOS 可采集 1 m 分辨率全色和 4 m 分辨率多光谱卫星影像,同时可将全色和多光谱影像融合成 1 m 分辨率的彩色影像,许多影像被中央和地方政府广泛用于国家防御、军队制图、海空运输等领域。从 681 km 高度的轨道上,IKONOS 的重访周期为 3 d,并且可从卫星直接向全球 12 个地面站传输数据(见表 2-18)。

表 2-18　IKONOS **卫星主要技术参数**

项目	指标
轨道高度(km)	681
轨道倾角(°)	98.1
轨道运行速度(km/s)	6.5~11.2
影像采集时间	每日上午 10 时 0 分至 11 时 0 分
重访频率(d)	获取 1 m 分辨率数据时间:2.9
	获取 1.5 m 分辨率数据时间:1.5

续表 2-18

项目	指标	
轨道周期(min)	98	
轨道类型	太阳同步	
质量(kg)	817(1 600磅)	
星下点分辨率(m)	0.82	
传感器	全色波段	多光谱波段
产品分辨率(m)	1	4
波长(μm)	0.45~0.90	蓝色:0.45~0.53
		绿色:0.52~0.61
		红色:0.64~0.72
		近红外:0.77~0.88
制图精度(m)	无地面控制点:水平精度12,垂直精度10	

12.WorldView 卫星

Digitalglobe 的下一代商业成像卫星系统由 2 颗卫星(WorldView-1 和 WorldView-2)组成,其中 WorldView-1 于 2007 年 9 月 18 日发射,WorldView-2 于 2009 年 10 月 8 日发射。

WorldView-1 卫星运行在高度 450 km、倾角 98°、周期 93.4 min 的太阳同步轨道上,平均重访周期为 1.7 d,星载大容量全色成像系统每天能够拍摄多达 50 万 km^2 的 0.5 m 分辨率图像。卫星还将具备现代化的地理定位精度能力和极佳的响应能力,能够快速瞄准要拍摄的目标和有效地进行同轨立体成像。数据采集能力是 QuickBird 卫星的 4 倍。不过由于 WorldView-1 约 5 亿研发资金来自美国五角大楼下属"国家地理空间情报局",因此该公司仅能出售分辨率不低于 0.5 m 的卫星图像(见表 2-19)。

WorldView-2 卫星运行在 770 km 高的太阳同步轨道上,能够提供 0.5 m 全色图像和 1.8 m 分辨率的多光谱图像。该卫星使 Digitalglobe 公司能够为世界各地的商业用户提供满足其需要的高性能图像产品。星载多光谱遥感器不仅具有 4 个业内标准谱段(红、绿、蓝、近红外),还包括 4 个额外谱段(海岸、黄、红外和近红外)。多样性的谱段为用户提供进行精确变化检测和制图的能力。由于 WorldView 卫星对指令的响应速度更快,因此图像的周转时间(从下达成像指令到接收到图像所需的时间)仅为几个小时而不是几天(见表 2-20)。

表 2-19　WorldView-1 卫星主要技术参数

项目	指标
轨道	高度:450 km
	类型:太阳同步,降交点地方时间上午 10 时 30 分
	运行周期:93 min
任务寿命(年)	7.25(包括所有消耗品和降解物,如推进剂)
卫星尺寸、质量、功率	高 3.6 m,宽 2.5 m,太阳能电池帆板展开后总跨度 7.1 m
	重 2 500 kg
	太阳能电池 3.2 kW,蓄电池 100 Ahr
遥感器波段	全色
遥感器分辨率(m)	星下点处:0.45(GSD)
	偏离星下点 20°处:0.51(GSD)
	对于非政府用户,图像必须重采样成 0.5
成像带宽(km)	星下点处 16.4
重访周期(d)	以 1 m GSD 成像时:1.7
	对偏离星下点 20°处以 0.51 m GSD 成像时:5.9

表 2-20　WorldView-2 卫星设计指标

项目	指标
轨道	高度:770 km
	类型:太阳同步,降交点地方时间上午 10 时 30 分
	运行周期:100 min
任务寿命(年)	7.25(包括所有消耗品和降解物,如推进剂)
卫星尺寸、质量、功率	高 4.3 m,宽 2.5 m,太阳能电池帆板展开后总跨度 7.1 m
	重 2 800 kg
	太阳能电池 3.2 kW,蓄电池 100 Ahr

续表 2-20

项目	指标
遥感器波段	全色+ 8 个多光谱段
	4 个标准光谱段:红、绿、蓝、近红外
	4 个新增光谱段:红边、海岸、黄、近红外 2
遥感器分辨率(m)	全色:星下点处为 0.46(GSD);偏离星下点 20°处为 0.52(GSD)
	多光谱:星下点处为 1.8(GSD);偏离星下点 20°处为 2.4(GSD)
成像带宽(km)	星下点处 16.4
重访周期(d)	以 1 m GSD 成像时:1.1
	对偏离星下点 20°处以 0.52 m GSD 成像时:3.7

13.ALOS 卫星

ALOS(advanced land observation satellite,ALOS)卫星为日本的对地观测卫星,于 2006 年 1 月 24 日发射升空。卫星运行在高度 691.65 km、倾角 98.16°、重复周期 46 d 的太阳同步轨道上,重访周期为 2 d。卫星上载有 3 个传感器:①全色遥感立体测绘仪(PRISM),主要用于数字高程测绘;②先进可见光与近红外辐射计-2 (AVNIR-2),用于精确陆地观测;③相控阵型 L 波段合成孔径雷达(PALSAR),用于全天时、全天候陆地观测。

日本地球观测卫星计划主要包括 2 个系列——大气和海洋观测系列以及陆地观测系列。先进对地观测卫星 ALOS 是 JERS-1 与 ADEOS 的后继星,采用了先进的陆地观测技术,能够获取全球高分辨率陆地观测数据,主要应用于测绘、区域环境观测、灾害监测、资源调查等领域。ALOS 卫星采用了高速大容量数据处理技术与卫星精确定位和姿态控制技术(见表 2-21)。

表 2-21 ALOS 卫星基本技术参数

项目	指标
轨道	类型:太阳同步轨道
	重复周期:46 d 重访时间:2 d
	高度:691.65 km
	倾角:98.16°
卫星质量(kg)	约 4 000

续表 2-21

项目	指标
产生电量(W)	约 7 000(生命末期)
设计寿命(年)	3~5
姿态控制精度(°)	2.0×10^{-4}(配合地面控制点)
定位精度(m)	1
数据速率(Mbps)	240(通过数据中继卫星),120(直接下传)
星载数据存储器	固态数据记录仪(90 GB)

1)PRISM 传感器

PRISM 传感器具有独立的 3 个观测相机,分别用于星下点观测、前视观测和后视观测,沿轨道方向获取立体影像,星下点空间分辨率为 2.5 m,其数据主要用于建立高精度数字高程模型(见表 2-22)。

表 2-22　PRISM 传感器基本参数

项目	指标
波段数	1(全色)
波长(μm)	0.52~0.77
观测镜	3(星下点成像、前视成像、后视成像)
基高比	1.0(在前视成像与后视成像之间)
空间分辨率(m)	2.5(星下点成像)
幅宽(km)	70(星下点成像模式);35(联合成像模式)
信噪比	>70
MTF	>0.2
探测器数量	28 000/波段(70 km 幅宽);14 000/波段(35 km 幅宽)
指向角(°)	-1.5~+1.5
量化长度(bit)	8

续表 2-22

项目	指标
模式 1	星下点、前视、后视(35 km)
模式 2	星下点(70 km)+后视(35 km)
模式 3	星下点(70 km)
模式 4	星下点(35 km)+前视(35 km)
模式 5	星下点(35 km)+后视(35 km)
模式 6	前视(35 km)+后视(35 km)
模式 7	星下点(35 km)
模式 8	前视(35 km)
模式 9	后视(35 km)

注:PRISM 观测区域在北纬 82°～南纬 82°。

2) AVNIR-2 传感器

新型的 AVNIR-2 传感器比 ADEOS 卫星所挟带的 AVNIR 具有更高的空间分辨率,主要用于陆地和沿海地区观测,为区域环境监测提供土地覆盖图和土地利用分类图。由于灾害监测的需要,AVNIR-2 提高了交轨方向指向能力,侧摆指向角度为±44°,能够及时观测受灾地区(见表 2-23)。

表 2-23　AVNIR-2 传感器基本参数

项目	指标
波段数	4
波长(μm)	B1:0.42～0.50;B2:0.52～0.60、B3:0.61～0.69;B4:0.76～0.89
空间分辨率(m)	10(星下点)
幅宽(km)	70(星下点)
信噪比	>200
MTF	波段 1～波段 3:>0.25,波段 4:>0.20
探测器数量	7 000/波段
侧摆指向角(°)	-44～+44
量化长度(bit)	8

注:AVNIR-2 观测区域在北纬 88.4°～南纬 88.5°。

3) PALSAR 传感器

PALSAR 是一主动式微波传感器,它不受云层、天气和昼夜影响,可全天候对地观测,比 JERS-1 卫星所挟带的 SAR 传感器性能更优越。该传感器具有高分辨率、扫描式合成孔径雷达、极化 3 种观测模式,使之能获取比普通 SAR 更宽的地面幅宽(见表 2-24)。

表 2-24　PALSAR 传感器基本参数

模式	高分辨率		扫描式合成孔径雷达	极化(试验模式)
中心频率(MHz)	1 270(L 波段)			
线性调频宽度(Chirp Bandwidth)(MHz)	28	14	14,28	14
极化方式	HH 或 VV	HH+HV 或 VV+VH	HH 或 VV	HH+HV+VH+VV
入射角(°)	8~60	8~60	18~43	8~30
空间分辨率(m)	7~44	14~88	100(多视)	24~89
幅宽(km)	40~70	40~70	250~350	20~65
量化长度(bit)	5	5	5	3 或 5
数据传输速率(Mbps)	240	240	120,240	240

注:在侧视角度为 41.5°时,PALSAR 观测区域在北纬 87.8°~南纬 75.9°。

14.RapidEye 卫星

RapidEye 卫星星座为德国所有的商用卫星,于 2008 年 8 月 29 日成功发射升空,目前运行状况良好。RapidEye 卫星星座由 5 颗对地观测卫星组成,位于同轨道面,等距离分布。每颗卫星间隔 18 min,轨道高度 630 km,绕地球一圈约 110 min。每颗卫星每天绕地球 15 圈,每条轨道采集 1 500 km×80 km 影像,其具有每天重访同一目标、前所未有的大范围影像数据获取能力。日覆盖范围达 400 万 km^2。以上能够在 15 d 内覆盖整个中国。地面采样间隔(星下点)为 6.5 m,5 个多光谱波段(蓝、绿、红、红边、近红外),空间分辨率为 5 m,是全球首个具有红外波段的商业卫星星座。总体来讲,RapidEye 卫星具有大范围覆盖、高重访率、高分辨率、多光谱获取数据方式等优势。RapidEye 卫星基本参数见表 2-25。

表 2-25　RapidEye 卫星基本参数

项目	指标
卫星数量	5 颗
设计寿命	至少 7 年
轨道高度	630 km 太阳同步轨道
赤道过境时间	大约上午 11：00
传感器类型	多光谱推帚式成像仪
光谱波段（μm）	蓝色：0.44~0.51
	绿色：0.52~0.59
	红色：0.63~0.69
	红边：0.69~0.73
	近红外：0.76~0.85
地面采样间隔(星下点)	6.5 m
像素大小（正射）	5 m
幅宽	77 km
星上存储量	每条轨道可存储 1 500 km 的影像数据
重访时间	每天(侧摆)/5.5 d(星下点)
影像获取能力	400 万 km²/d
动态范围	12 bit

15.Radarsat 卫星

Radarsat-1 卫星是加拿大空间局研制的一个兼顾商用及科学试验用途的 C 波段合成孔径雷达(SAR)系统,于 1995 年 11 月 4 日发射升空。卫星运行在高度 796 km、倾角 98.6°、运行周期 100.7 min 的太阳同步轨道上,重复周期为 24 d,其主要探测目标为海冰,同时还考虑到陆地成像,以便应用于农业、地质等领域。该系统具有 7 种模式、25 种波束及不同入射角,因而具有多种分辨率、不同幅宽和多种信息特征,适用于全球环境和土地利用、自然资源、洪涝灾害监测等(见表 2-26)。

表 2-26　Radarsat-1 卫星主要技术参数

项目	指标			
轨道	太阳同步轨道(晨昏)			
	轨道高度:796 km			
	倾角:98.6°			
	运行周期:100.7 min(14 轨/d);重复周期:24 d			
极化方式	HH			
俯视方向	右侧视			
工作模式	波束位置	入射角(°)	标称分辨率(m)	景幅大小(标称值)(km×km)
精细	F1~F5	37~48	10	50×50
标准	S1~S7	20~49	30	100×100
幅宽	W1	20~31	30	165×165
	W2	31~39	30	150×150
	W3	39~45	30	130×130
窄幅扫描	SN1	20~40	50	300×300
	SN2	31~46	50	300×300
宽幅扫描	SW1	20~49	100	500×500
超高入射角	H1~H6	49~59	25	75×75
超低入射角	L1	10~23	35	170×170

Radarsat-2 卫星于 2007 年 12 月 14 日在哈萨克斯坦的拜科努尔航天发射基地成功

发射,为目前世界上最先进的商业卫星之一。作为 Radarsat-1 的后续星,Radarsat-2 除延续了 Radarsat-1 的拍摄能力和成像模式外,还增加了 3 m 分辨率超精细模式和 8 m 全极化模式,并且可以根据指令在左视和右视之间切换,不仅缩短了重访周期,还增加了立体成像的能力。此外,Radarsat-2 可以提供 11 种波束模式及大容量的固态记录仪等,并将用户提交编程的时限缩短到 4~12 h,这些都使 Radarsat-2 的运行更加灵活和便捷。另外,Radarsat-1 和 Radarsat-2 双星互补,加上雷达全天候、全天时的主动成像特点,可以在一定程度上缓解卫星数据源不足的问题,并推动雷达数据在国内各个领域的广泛应用和发展(见表 2-27)。

表 2-27　Radarsat-2 卫星主要技术参数

项目	指标			
轨道	太阳同步轨道(晨昏)			
	轨道高度:796 km			
	倾角:98.6°			
	运行周期:100.7 min(14 轨/d);重复周期:24 d			
俯视方向	左右侧视			
波束模式	极化方式	入射角(°)	标称分辨率(m)	景幅大小(标称值)(km×km)
			距离向 / 方位向	
超精细	可选单极化(HH、VV、HV、VH)	30~40	3 / 3	20×20
多视精细		30~50	8 / 8	50×50
精细	可选单 & 双极化(HH、VV、HV、VH) & (HH&HV、VV&VH)	30~50	8 / 8	50×50
标准		20~49	25 / 26	100×100
宽		20~45	30 / 26	150×150
四极化精细	四极化(HH&VV&HV&VH)	20~41	12 / 8	25×25
四极化标准		20~41	25 / 8	25×25
高入射角	单极化(HH)	49~60	50 / 50	75×75
窄幅扫描	可选单 & 双极化(HH、VV、HV、VH) & (HH&HV、VV&VH)	20~46	50 / 50	300×300
宽幅扫描		20~49	100 / 100	500×500

16.Envisat 卫星

Envisat 卫星是欧洲航天局的对地观测卫星系列之一,于 2002 年 3 月 1 日发射升空。卫星运行在高度 796 km、倾角 98.54°、运行周期 100 min 的太阳同步轨道上,重访周期为 35 d。星上载有 10 种探测设备,其中 4 种是 ERS-1/2 所载设备的改进型,所载最大设备是先进的合成孔径雷达(ASAR),可生成海洋、海岸、极地冰冠和陆地的高质量图像,为科学家提供更高分辨率的图像来研究海洋的变化。其他设备将提供更高精度的数据,用于研究地球大气层及大气密度。作为 ERS-1/2 合成孔径雷达卫星的延续,Envisat-1 数据主要用于监视环境,即对地球表面和大气层进行连续的观测,供制图、资源勘查、气象及灾害判断之用(见表 2-28)。

表 2-28　Envisat 卫星及 ASAR 主要技术参数

项目	指标		
轨道	太阳同步轨道		
	轨道高度:796 km		
	倾角:98.54°		
	运行周期:100 min;重复周期:35 d		
ASAR 工作模式	成像宽度(km)	极化方式	分辨率(m)
成像(image)	最大 100	VV 或 HH	30
交替极化(altenating polarization)	最大 100	VV/HH 或 VV/VH 或 HH/HV	30
宽幅(wide swath)	约 400	VV 或 HH	150
全球监测 (global monitoring)	约 400	VV 或 HH	1 000
波谱(wave)	5	VV 或 HH	10

与 ERS 的 SAR 传感器一样,Envisat-1 ASAR 也工作在 C 波段,波长为 5.6 cm。同时 ASAR 也具有许多独特的性质,如多极化、可变观测角度、宽幅成像等,可广泛应用于水灾监测、作物估产、油污调查、海冰监测等诸多方面。另外,在成像和交替极化两种工作模式下,ASAR 可以在侧视 10°~45°的范围内提供 7 种不同入射角的成像(见表 2-29)。

表 2-29　Envisat/asar 的 7 种入射角

成像位置代号	幅宽(km)	星下点距离(km)	入射角(°)
IS1	105	187~292	15.0~22.9
IS2	105	242~347	19.2~26.7
IS3	82	337~419	26.0~31.4
IS4	88	412~500	31.0~36.3
IS5	65	490~555	35.8~39.4
IS6	70	550~620	39.1~42.8
IS7	56	615~671	42.5~45.2

17.TerraSar-X 卫星

地球探测卫星 TerraSar-X(简称 SAR-X)是德国的首颗多用途侦察卫星,也是目前世界上探测精度较高的 X 波段商业 SAR 卫星,于 2007 年 6 月 15 日发射升空。该卫星由德国航天局及欧洲阿斯特留姆公司联合研发制造,运行在高度 514 km、倾角 97.4°、运行周期 94.92 min 的太阳同步轨道上,重访周期为 11 d。TerraSar-X 有多种成像模式,其分辨率、极化方式、景幅大小各不相同(见表 2-30)。

表 2-30　TerraSar-X 卫星主要技术参数

项目	指标
轨道	太阳同步轨道
	轨道高度:514 km
	倾角:97.4°
	运行周期:94.92 min 重复周期:11 d
俯视方向	右侧视

続表 2-30

项目	指标			
工作模式	极化方式	入射角(°)	分辨率(m×m)	景幅大小(距离×方位)(km×km)
高分辨率聚束(high-resolution spotlight)	单极化(HH 或 VV),双极化(HH/VV)	55~20	1×1	10×5
聚束(spotlight)	单极化(HH 或 VV),双极化(HH/VV)	55~20	2×2	10×10
条带(stripMap)	单极化(HH 或 VV),双极化(HH/VV 或 HH/HV 或 VV/HV),全极化(HH/VV/HV/VH)	45~20	3×3	30×4 200
扫描(scanSAR)	单极化(HH 或 VV)	45~20	16×16	100×4 200

2.1.2　无人机遥感数据源

随着遥感技术的快速发展,其具有覆盖范围广、获取信息手段多、信息量大等特点,已经较成熟运用在水灾旱情方面。但随着人们需求的增多,遥感感测系统还存在着成本及技术上面的缺点。近年来,无人机遥感技术以快速响应、机动性强、时效性高、易操作,获取的影像分辨率高、比例尺大,用于无人区或高危地区的探测时,其风险小、成本低等特点,无人机被逐渐运用到水灾旱情监测中,已成遥感对地观测的重要手段之一。

无人机按飞行平台不同,可分为固定翼无人机、无人直升机、多旋翼无人机等类型。固定翼无人机具有航程远、飞行面积大、续航时间长、飞行速度快等特点;多旋翼无人机具有可靠性强、操作简单、勤务性高等特点;无人直升机因其旋翼较大,具有更好的抗风性、稳定性,但其操作难度大、风险高、价格也相对较高。因此,根据不同飞行任务,需要合理使用不同类型的无人机,搭载不同类型对地观测传感器。

无人机数据通常是根据无人机搭载的设备来收集数据的,主要包括红外、可见光、微波数据等。可见光—反射红外光学数据记录地球表面在可见光和近红外波段对太阳辐射的反射辐射差异而获取的地表信息数据;热红外遥感数据是指用热红外传感器探测地物在热红外光谱段光谱特征的遥感;微波数据利用雷达向目标地物发射微波束并接受其反射回的微波信号,通过比较两者的探测频率与极化位移之间的差异生成地表图像。不同传感器的成像方式、空间分辨率、光谱波段以及价格等方面不同,因此根据不同飞行任务,需合理使用无人机,搭载不同类型对地观测传感器。

无人机低空遥感主要特点如下:

(1)航摄效率高。

无人机航摄效率较高,可以通过监控平台进行控制,进行针对性航拍,重点获取指定区域数据,针对不合格影像可以现场重新航拍。这类设备体积小,机动灵活,通过地面遥控快速采集影像,不需要专用跑道起降,受天气和空域管制的影响较小。此外,无人机还可以抵达载人飞行器无法到达的空域或危险地区。

(2)影像分辨率高。

影像主要以 RGB 三波段为主,可以挂载多光谱相机(R、G、B、NIR)、高光谱相机和激光雷达传感器,无人机低空遥感影像的最大优点是遥感影像空间分辨率高(厘米级)、影像清晰。工业无人机普遍采用索尼、尼康等高精度数码相机,像素高达 4 000 万,可实现定距或定时拍照。所获取影像为真彩色数字影像,成图与实测误差已经满足 1∶500 的地形图测量规范要求。

(3)数据处理速度快。

影像数据处理速度快,现势性强。后处理软件能实现对航空影像数据以及低空无人机影像数据的快速自动化处理,可完成从空中三角测量到各种比例尺的 DEM、DOM、DLG等测绘产品的生产任务。特别是高性能计算机在测绘领域的应用,将数据处理速度显著提升。

(4)主要缺点。

影像获取主要采用非量测型数码相机,像幅较小,数量较多,数据量较大。摄影时飞机姿态和位置任意性较大,影像航向重叠度和旁向重叠度都不够规则。影像间的比例尺不一致、旋偏角大、影像本身的畸变差较大等。

2.1.3　水下遥感(多波束测深系统)

多波束测深系统是一种具有高效率、高精度和高分辨率的海底地形测量新技术。自20 世纪 60 年代问世以来,特别是最近十几年,在高性能计算机、高精度定位和各种精密数字化传感器以及其他相关高新技术的介入和支撑下,代表当代海洋地形地貌勘测最新研究成就的多波束测深技术不断变革,获得了极大的发展。多波束测深系统与传统的单波束测深仪相比较,具有可在测量断面内形成十几个至上百个测深点,几百个甚至上千个回向散射强度数据,从而保证了较宽的扫幅和较高的测点密度;另外,较窄的波束、先进的检测技术和精密的声线改正方法的采用,也确保了测点船体坐标的归位计算精度,因而多波束测深具有全覆盖、高精度、高密度和高效率的特点。因此,多波束测深系统正日益受到海道测量同行的认可,并在实际生产中发挥着越来越重要的作用。

多波束测深系统是一种由多传感器组成的复杂系统,系统自身性能、辅助传感器性能和数据处理方法,对于系统的野外数据采集和波束脚印的归位计算起着十分重要的作用。多波束测深技术尽管经历了30年的发展,其研究和应用已达到了较高的水平,特别是近十年,随着电子计算机、新材料和新工艺的广泛使用,多波束测深技术已经取得了突破性的进展。主要表现为:

(1)全海深测量技术的发展。多波束是一种窄波束测深系统,受换能器结构设计、声脉冲信号处理的限制,长期以来,存在着系统庞大、扇面开角和扫海幅度都较小的问题。随着换能器设计结构的不断改进和信号处理技术的进一步完善,现有系统的扇面开角和波束不断增大,实现了真正意义上的全覆盖式测量。此外,系统可应用于深水、中深度水和浅水等的测量中,实现了全海深测量。许多新型系统还采用了双频、变脉冲发射技术,达到了一机多用的效果。

(2)高精度测量技术的发展。根据测量扇面内波束传播距离的特点和单一底部检测的缺陷,许多厂家采用了振幅和相位联合检测技术,保证了测量扇面内波束测量精度的一致。为了保证中央波束和边缘波束分辨率的一致,一些厂家将等角和等面积发射模式应用于新型的多波束系统,使得中央波束脚印面积同边缘波束相近,测点间距基本一致,保证了成图质量。动态海洋环境下多波束测量,因海况不稳可能导致在发射位置接收不到该方向的回波,为此生产商研制和开发了定向发射和接收的新型系统,对船只的横摇做了方向性补偿。测量精度的提高还表现在新型材料的应用和抗噪声水平的提高方面。

(3)集成化与模块化技术的发展。多波束系统是计算机技术、导航定位技术以及数字化传感器技术等多种技术的高度组合。

一个完整的多波束系统除拥有结构复杂的多阵列发射接收换能器和用于信号控制与处理的电子单元外,还应该配备高精度的运动传感器、定位系统、声速断面和计算机软、硬件及相应的显示设备。因此,现代多波束测深产品实际上已经发展成为由声学系统、波束空间位置传感器子系统以及数据采集与处理系统组成的综合系统。多波束发射接收换能器、电子单元及实时采集与控制计算机构成多波束系统的核心部分;高精度的定位设备、运动传感器以及声速断面仪组成的波束空间位置传感器子系统是多波束系统必不可少的组成部分。另外,多波束测深系统不仅能够精确测量水深,也能够获得水底地貌声图,取代了侧扫声呐,目前国外已研制出了测深侧扫声呐。总之,多波束系统具有测量范围大、速度快、精度高、记录数字化以及成图自动化等诸多优点,它把测深技术从原先的点线状扩展到面状,并进一步发展到立体测图和自动成图,从而使水下地形测量技术发展到一个较高的水平。

2.1.3.1　系统构成

多波束测深系统由探头、处理单元、操作站三个单元组成。一个完备的多波束测深系统还包括其他设备:声速传感器、定位系统、运动传感器,此外通常还包括后处理系统。探头是系统中置于水下的部件,内含发射换能器与接收换能器以及它们的电子线路。

以丹麦 Seabat7125sv2 型号为例,技术参数见表 2-31。

表 2-31　丹麦 Seabat7125sv2 型多波束系统探测仪技术参数

型号	技术参数
Seabat7125sv2	应用水深范围:0.5~500 m 频率:400 kHz 和 200 kHz 沿航迹发射波束宽度:≤1°,接收波束宽度:≤0.5 波束数:≥512 个 最大频率:≥50 Hz 脉宽:30~300 μs 波束数:256EA、512EA/ED 最大扇角:≥165° 测深分辨率:≤6 mm 覆盖宽度:≥5 倍 换能器耐压水深:≥25 m 甲板单元系专用电子柜并集成适合系统应用的计算机,用于 安装处理软件以及外接光纤罗经和姿态传感器等外设辅助设备 能输出 7 K 格式数据

多波束测深探头与处理单元用一根电缆连接。处理单元承担波束形成、海底检测以及控制探头增益、发射率、发射角等任务。它还包括所有外部实时传感器的串行接口、定位系统和同步钟接口等。它与操作站之间用网络连接。操作站是一台高性能的计算机工作站,由 515 控制软件处理,包括操作界面和采集数据显示功能,并储存数据于磁盘和磁带。全系统所有部件的诊断均在操作站上运行。多波束测深系统其他设备:运动传感器,用于船姿的横摇、纵摇、指向、升沉;定位系统,指 GPS 定位系统,用于平面定位。

2.1.3.2　测量原理

多波束测深系统工作原理和单波束测深仪一样,是利用超声波原理进行工作的。单波束测深仪,首先探头的电声换能器在水中发射声波,然后接收从河底反射的回波,测出从发射声波开始到接收回波结束这段时间,计算出水深。与单波束测深仪不同的是,多波束测深系统信号发射、接收部分由 n 个成一定角度分布的指向性正交的两组换能器组成,相互独立发射、接收获得一系列垂直航向窄波束。以波束数为 16、波束角为 2°×2° 多波束测深系统为例,发射阵平行船纵向(龙骨)排列,呈两侧对称向正下方发射的扇形脉冲声波,接收阵沿船横向(垂直龙骨)排列,16 个接收波束角接收来自海底照射扇区的回波。接收指向性和发射指向性叠加后,形成沿船横向两侧对称的 16 个 2°×2° 波束脚印。因此,多波束测深系统也称声纳阵列测深系统,能对测区进行全范围无遗漏扫测,不仅实现了测深数据自动化和实时显示测区水下彩色等深图,而且还可进行侧扫成像,提供直观的测时水下地貌特征,又形象地称它为"水下 CT"。

2.2　遥感应用

遥感技术的应用涉及国家各行各业,在本节简单列举其在国民经济建设中的主要应用。

2.2.1　遥感在水文与水资源研究中的应用

遥感技术既可观测水体本身的特征和变化,又能够对其周围的自然地理条件及人文活动的影响提供全面的信息,为深入研究自然环境和水文现象之间的相互关系,进而揭露水在自然界的运动变化规律,创造了有利条件。同时,由于卫星遥感对自然界环境动态监测比常规方法更全面、仔细、精确,且能获得全球环境动态变化的大量数据与图像,这在研究区域性的水文过程乃至全球的水文循环、水量平衡等重大水文课题中具有无比的优越性。因此,在陆地卫星图像广泛的实际应用中,水资源遥感已成为最引人注目的一个方面,遥感技术在水文学和水资源研究中发挥了巨大的作用。在美国陆地卫星图像应用中,水文学和水资源方面所得的收益首屈一指,其中减少洪水损失和改进灌溉这两项就占陆地卫星应用总收益的 41.3%。

遥感技术在水文学和水资源研究方面的应用主要有水资源调查、水文情报预报和区域水文研究。利用遥感技术不仅能确定地表江河、湖沼和冰雪的分布、面积、水量和水质,而且对勘测地下水资源也是十分有效的。在青藏高原地区,经过遥感图像解译分析,不仅对已有湖泊的面积、形状修正得更加准确,而且还新发现了 500 多个湖泊。

地表水资源的解译标志主要是色调和形态,一般来说,对可见光图像,水体浑浊、浅水沙底、水面结冰和光线恰好反射入镜头时,其影像为浅灰色或白色;反之,水体较深或水体虽不深但水底为淤泥,则其影像色调较深。对彩红外图像来说,由于水体对近红外有很强的吸收作用,所以水体影像呈黑色,它和周围地物有明显的界线。对多光谱图像来说,各波波像上的水体色调是有差异的,这种色调差异也是解译水体的间接标志。利用遥感图像的色调和形态标志,可以很容易地解译出河流、沟渠、湖泊、水库、池塘等地表水资源。

埋藏在地表以下的土壤和岩石里的水称为地下水,它是一种重要资源。按照地下水的埋藏分布规律,利用遥感图像的直接和间接解译标志,可以有效地寻找地下水资源。一般来说,遥感图像所显示的古河床位置、基岩构造的裂隙及其复合部分、洪积扇的顶端及其边缘、自然植被生长状况好的地方均可找到地下水。

地下水露头、泉水的分布在 $8\sim14\ \mu m$ 的热红外图像上显示最为清晰。由于地下水和地表水之间存在温差,因此利用热红外图像能够发现泉眼。

用多光谱卫星图像寻找地下浅层淡水及其分布规律也有一定的效果。例如,我国通过对卫星像片色调及形状特征的解译分析,发现东北地区植被特征与地下浅层淡水密切相关,而浅层淡水空间分布又与古河道密切相关,由此可较容易地圈出东北地区浅层淡水的分布。

水文情报的关键在于及时准确地获得各有关水文要素的动态信息。以往主要靠野外调查及有限的水文气象站点的定位观测,很难控制各要素的时空变化规律,在人烟稀少、自然环境恶劣的地区更难获取资料。而卫星遥感技术则能提供长期的动态监测情报。国外已利用遥感技术进行旱情预报、融雪径流预报和暴雨洪水预报等。遥感技术还可以准确确定产流区及其变化,监测洪水动向,调查洪水泛滥范围及受涝面积和受灾程度等。

在区域水文研究方面,国外已广泛利用遥感图像绘制流域下垫面分类图,以确定流域的各种形状参数、自然地理参数和洪水预报模型参数等。此外,通过对多种遥感图像的解译分析,还可进行区域水文分区、水资源开发利用规划、河流分类、水文气象站网的合理布设、代表流域的选择以及水文试验流域的外延等一系列区域水文方面的研究工作。

2.2.2　遥感在水灾监测与评估中的应用

水灾是一种骤发性的自然灾害,其发生大多具有一定的突然性,持续时间短,发生的地域易于辨识。但是,人们对水灾的预防和控制则是一个长期的过程,从洪水发生过程看,人类对洪灾的反应可分为以下四个认识阶段。

2.2.2.1　洪水控制和综合管理

通过“拦、蓄、排”等工程措施与非工程措施,改变或控制洪水的性质和流路使“水让人”,通过合理规划洪泛区土地利用,保证洪水流路的畅通,使“人让水”。这是一个长期的过程,也是区域防洪体系的基础。

2.2.2.2　洪水监测、预报与预警

在洪水发生初期,通过地面的雨情及水情观测站网,了解洪水实时状况;借助于区域洪水预报模型,预测区域洪水发展趋势,并即时、准确地发出预警信息。这个过程视区域洪水特征而定,持续时间有长有短,一般为 $2\sim3$ d,有时更短,洪水汇流时间甚至仅为 $8\sim10$ h。

2.2.2.3　洪水灾情监测与防洪抢险

随着洪水水位的不断上涨,区域受灾面积不断扩大,灾情越来越重。这时除了依靠常规观测站网外,还需利用航天、航空遥感技术,实现洪水灾情的宏观监测。在得到预警信

息后,要及时组织抗洪队伍,疏散灾区居民,转移重要物资,保护重点地区。

2.2.2.4　洪灾综合评估与减灾决策分析

洪灾过后,必须及时对区域的受灾情况做出准确的估算,为救灾物资投放提供信息和方案,辅助地方政府部门制定重建家园、恢复生产规划。

这四个阶段是相互联系、相互制约而又相互衔接的。若从时效和工作性质上看,这四个阶段的研究内容可归结为两个层次,即长期的区域综合治理与工程建设以及水灾监测预报与评估。遥感与地理信息相结合,可以直接应用于洪灾研究的各个阶段,实现水灾的监测与灾情评估分析。

2.2.3　遥感在环境监测中的应用

目前,环境污染已成为许多国家的突出问题,利用遥感技术可以迅速、大面积监测水污染、大气污染和土地污染,以及各种污染导致的破坏和影响。近年来,我国利用航空遥感进行了很多应用,包括城市热岛、烟雾扩散、水源污染、绿色植物覆盖指数以及交通量等的监测,都取得了重要成果。

随着遥感技术在环境保护领域中的重要应用,一门新的学科——环境遥感诞生了。环境遥感是利用遥感技术揭示环境条件变化、环境污染性质及污染物扩散规律的一门科学,环境条件如气温、湿度的改变和环境污染大多会引起地物波谱特征发生不同程度的变化,而地物波谱特征的差异正是遥感识别地物的最根本的依据,这就是环境遥感的基础。从各种受污染植物、水体、土壤的光谱特性来看,受污染地物与正常地物的光谱反射特征差异都集中在可见光、红外波段,环境遥感主要通过摄影与扫描两种方式获得环境污染的遥感图象。摄影方式有黑白全色摄影、黑白红外摄影、天然彩色摄影和彩色红外摄影。其中以彩色红外摄影应用最为广泛,影像上污染区边界清晰,还能鉴别农作物或其他植物受污染后的长势优劣。这是因为受污染地物与正常地物在红外部分光谱反射率有较大的差异。扫描方式主要有多光谱扫描和红外扫描。多光谱扫描常用于观测水体污染;红外扫描能获得地物的热影像,用于大气和水体的热污染监测。

影响大气环境质量的主要因素是气溶胶含量和各种有害气体。对城市环境而言,城市热岛也是一种大气污染现象。

遥感技术可以有效地用于大气气溶胶监测、有害气体测定和城市热岛效应的监测与分析。在江河湖海各种水体中,污染种类繁多。为了便于用遥感方法研究各种水污染,习惯上将其分为泥沙污染、石油污染、废水污染、热污染和富营养化等几种类型。对此,可以根据各种污染水体在遥感图像上的特征,对它们进行调查、分析和监测。土地环境遥感包括两个方面的内容,一是指对生态环境受到破坏的监测,如沙漠化、盐碱化等;二是指对地面污染如垃圾堆放区、土壤受害等的监测。遥感技术目前已在生态环境、土壤污染和垃圾堆与有害物质堆积区的监测中得到广泛应用。

2.2.4　遥感在农业中的应用

遥感技术在农业中的应用主要包括:利用遥感技术进行土地资源调查与监测、农作物生产与监测、作物长势状况分析和生长环境的监测。基于 GPS、GIS 和农业专家系统相结合,可以实现精准农业。

2.2.5　遥感在林业中的应用

森林是重要的生物资源,具有分布广、生长期长的特点。由于人为原因和自然原因,森林资源会经常发生变化。因此,利用遥感手段,及时准确地对森林资源进行动态变化监测,掌握森林资源变化规律,具有重要的社会意义、经济意义和生态意义。利用遥感手段可以快速地进行森林资源调查和动态监测,可以及时地进行森林虫害的监测,定量地评估由于空气污染、酸雨及病虫害等因素引起的林业危害。遥感的高分辨率图像还可以参与和指导森林经营和运作。气象卫星遥感是发现和监测森林火灾的最快速和最廉价手段,可以掌握起火点、火灾通过区域、灭火过程、灾情评估和过火区林木恢复情况。

2.2.6　遥感在煤炭工业中的应用

煤炭是中国的主要能源之一,占全国能源消耗总量的 70% 以上。煤炭工业的发展部署对国民经济的发展具有直接的影响。由于行业的特殊性,煤炭工业长期处于劳动密集型的低技术装备状况,从煤田地质勘探、矿井建设到采煤生产各阶段都一直靠人海战术。因此,如何在煤炭工业领域引入高新技术,是中国政府和煤炭系统科研人员的共同愿望。研究煤层在光场、热场内的物性特征,是煤炭遥感的基础工作。

大量研究表明,煤层在光场中具有如下反射特征:煤层在 $0.4 \sim 0.8 \mu m$ 波段,反射率小于 10%;在 $0.9 \sim 0.95 \mu m$ 波段出现峰值,峰值反射率小于 12%;在 $0.95 \sim 1.1 \mu m$ 波段,反射率平缓下降。煤层与其他岩石相比,反射率最低,在 $0.4 \sim 1.1 \mu m$ 波段中,煤层反射率低于其他岩石 5% ~ 30%。煤层在热场中具有周期性的辐射变化规律,即煤层在地球的周日旋转中,因受太阳电磁波的作用不同,冷热异常交替出现,白天在日上中天后出现热异常;夜间在日落到日出之间出现冷异常。

因此,热红外遥感是煤炭工业的最佳应用手段。利用各种摄影或扫描手段获取的热红外遥感图像,可用于识别煤层、探测煤系地层。遥感技术在煤炭工业中的主要应用还包括:煤田区域地质调查,煤田储存预测,煤田地质填图,煤炭自燃,发火区圈定、界线划分、灭火作业及效果评估,煤矿治水、调查井下采空后的地面沉陷、煤炭地面地质灾害调查,煤矿环境污染及矿区土复耕等。

2.2.7　遥感在国家基础测绘和建立空间数据基础设施中的应用

各种分辨率的遥感图像是建立数字地球空间数据框架的主要来源,可以形成反映地表景观的各种比例尺影像数据库(DOM);可以用立体重叠影像生成数字高程模型数据库(DEM);还可以从影像上提取地物目标的矢量图形信息(DLG)。由于遥感卫星能周期性和快速获取影像数据,这为空间数据库和地图更新提供了最好的手段。

2.3　水灾遥感监测

洪涝灾害是突发性事件,具有持续时间短、危害大等特征。为了有效地预防和控制洪涝灾害,必须迅速准确地了解水情、水势的进展情况,并及时地进行洪涝调控,而传统的基于人工为主的信息采集手段、过程与水平已经很难满足防洪抗涝的需要。20 世纪 60 年代发展起来的遥感(remote sensing,RS)技术,因其能具有观测范围大、获取信息量大、速度快、实时性好、动态性强等优势,从而在防洪减灾中发挥着越来越多的作用,经过几十年的探索和应用,逐渐形成了贯穿灾前、灾中和灾后全过程的遥感应用领域和方法。

2.3.1　灾前背景数据库的建设及更新

洪涝灾害背景数据库的建设是进行洪灾预警、灾情评估和救灾的基础,主要内容为自然数据和社会经济数据两方面,具体包括空间展布式社会经济数据库、本底水体数据库、地形数据库及其他数据库。遥感技术的应用,为直接得到其中的自然数据提供了便捷,因洪涝灾害背景数据的收集一般在灾前进行,强调数据的准确及可靠,即对所需的遥感数据有较高的空间分辨率和光谱分辨率要求。基于以上要求,在灾前背景数据库建设及更新工作中,常用的遥感数据为 Quickbird、IKONOS 等高分辨率卫星遥感数据,Landsat、SPOT 等中分辨率卫星遥感数据,以及 NOAA、FY 气象卫星及航空遥感数据。TM 数据适用于 1∶50 000~1∶200 000 比例尺的背景数据采集、河流系统及湖泊分布的解译与水库库容测定 SPOT 数据处理后可得到研究区域数字地形模型(DTM),采集更详细的地面资料,NOAA 及 FY 在灾前背景数据收集中,主要用于对气象数据的采集,高分辨率卫星遥感数据和航空遥感数据主要用于 1∶10 000 及更高比例尺背景数据库的更新。

2.3.2　灾前预警

洪灾预警主要包括暴雨、水情、地质灾害、风暴潮预警等,是防洪减灾工作的核心内容之一。NOAA 及 FY 系列气象卫星可对各流域内气团活动、云系等进行实时监测,跟踪降雨带移动,及时预报暴雨、风暴潮、台风等恶劣天气及因其突增的降水量和强降水的中心区域,对流域内可能发生的洪涝灾害进行预警,方便各相关部门及时进行水库提前开闸放水、重要堤段加固等应对措施。在人员稀少、地面资料及气象资料缺乏的地区,卫星数据是唯一可提供预报依据的工具。另外,在地形复杂的山区及丘陵地区,由洪涝灾害引发的滑坡、泥石流、堰塞湖等次生灾害对当地人民的生命财产安全也构成严重威胁。在这些区域,通过高分辨率陆地卫星数据构建 DTM,结合当地其他信息(如降雨、植被覆盖、地质构造、岩性、土壤等)进行综合分析后,可判断次生灾害易发区,并及时发出预警。

2.3.3　灾中监测

在洪涝灾害减灾过程中,对雨情、水情、工情、灾情 4 项基本信息的监测至关重要。雨情监测即时段降雨量的监测,通过卫星数据能够得到雨量在相应面域上的分布。目前,常用极轨或静止气象卫星(如 FY 系列卫星等)估算降水量,红外、可见光及微波影像也是观测降水量的重要数据源。水情监测即流量和水位的监测,根据流量过程可以计算出某一时段的洪水总量。在洪灾防汛时,陆地卫星用于对洪水进行实时监测,叠合洪水期图像与本底图像,确定淹没范围及河道变化,机载 SAR 图像用于随时、即时监测洪水,近红外遥感可确定河流行洪的障碍物分布以及堤防决口的位置等;遥感与地理信息系统的结合,可实现对汛情的实时监测与查询,快速提供灾区现状,即时了解灾情发展。工情监测即对重点水利工程(如河道、水库、城市积水区、取水口、分水口等)的监测,利用卫星及航空遥感,可获取高空间分辨率及高时间分辨率的遥感影像,迅速提取洪灾发生期间大部分工情信息,根据其趋势做出预警。

2.3.4　抢险救灾

防汛抢险救灾是抗洪工作的核心,及时高效的救灾行动能将灾害造成的损失减到最低,最大限度地挽救生命、挽回国家和人民的财产损失。因此,能否详细、及时、准确地获取到灾情信息,对抢险救灾任务至关重要。遥感数据能够监测大区域洪灾的发生发展过程,在第一时间返回灾情、险情信息,便于指挥中心快速响应,针对具体灾情做出应对决策,集中人力、物力进行抢险救灾。同时,遥感能够提供灾区的路况信息,并结合 GIS 制定转移路线以及安全区,及时转移群众及财产。在抢险救灾的过程中,航空摄影遥感和机载 SAR 数据以其独特的优势而功劳卓著。

2.3.5　灾害评估

灾害评估包括孕灾环境和致灾因子的危险性评价、承载体的易损性评价、洪灾淹没区分析、灾害损失评估、轻重灾区的划定等,利用遥感数据可以帮助快速、准确地评估灾情损失。将遥感获取的洪水淹没范围图与灾前背景数据库的数字正射影像及数字专题地图相叠加,结合行政区划、人口分布、工农业产值、房屋、道路、桥梁、电力通信设备等数据,可以快速进行淹没地区类别、受灾人口及分布、受灾面积、房屋损失、农作物损失及其他受灾情况的精确统计,得到受灾分类统计图,进行灾情损失分析、评估。

2.3.6　建立洪灾模型

洪灾模型主要用来模拟洪灾发生过程、预测洪灾未来发展趋势等,为顺利开展后续抢险救灾工作提供依据。在洪灾发生时,结合灾前背景数据库及 GIS 系统进行实时数据处理及计算与分析,能够快速对洪灾造成的影响进行初步评价,帮助完成科学的决策(如将遥感影像图等数字地形模型 DEM 叠加,评估灾害发生的可能性等)。另外,可以根据模型预测的淹没范围及水利工程蓄洪能力的大小,辅助分洪方案的制订,为分洪决策提供理论依据。遥感数据获取信息速度快是洪灾模型计算的驱动之一,而 GIS 系统为遥感数据处理及模型计算提供了技术保证,其强大的空间分析功能大大缩短了信息处理时间,丰富快捷的空间信息展示功能可直观形象地表达分析和预测结果。因此,建立洪灾模型,能够在面临洪灾时,快速及时地进行洪水动态监测、洪灾损失评估、道路及工程设施险情分析、辅助抗洪抢险决策建议以及灾后重建规划等。

2.4　旱情遥感监测

传统的土壤墒情监测方法是基于测站的点监测方式,只能获得少量的点上数据,再加上人力、物力、财力等因素的制约,难以迅速而及时地获得大面积的土壤水分和作物信息,使得大范围的旱情监测和评估缺乏有效的时效性和代表性,而遥感旱情监测方法则是面上的监测,具有监测范围广、空间分辨率高、信息采集实时性强和业务应用性好等特性,可有效地弥补地面观测系统成本高、空间覆盖率低和观测滞后的缺点,为各级减灾部门及时高效提供决策支持服务。随着卫星遥感技术的迅速发展,干旱遥感监测模型实用化程度越来越高,遥感技术已成为旱情监测的重要支撑手段,基于遥感的旱情监测的作用主要体现在如下几个方面:

(1)大面积同步观测土壤墒情。土壤墒情是旱情监测重要指标。遥感探测能在较短的时间内,从空中乃至宇宙空间对大范围地区进行对地观测,反演土壤含水量,相对于传统的土壤墒情监测,获取信息的速度快,周期短,成本低廉。

(2)快速获取农作物信息是农业干旱监测的重要内容,也是旱灾损失评估的基础数据,利用遥感技术可以快速获取受旱区作物类型及分布。另外,由干旱导致的植被光谱信息的变化、植被生长信息的变异以及不同生长阶段的生长状况,也可以通过遥感数据获取和反演得到。

（3）抗旱水源地监测。在抗旱减灾中,水源地信息对于农业灌溉、城市供水都至关重要。遥感技术可以应用于地表水监测,结合数字高程模型等数据可以估算地表水资源量,对于地下水资源量估算也可以发挥重要作用。

随着卫星遥感技术的进步,全球和区域水循环研究和水资源管理涉及水文气象的要素,包括辐射、温度、降水、蒸散发、土壤水分以及流域储水量的变化等,都可通过遥感反演获得,使得卫星遥感技术在获取时空复杂多变的水循环要素方面具有独特优势。

2.4.1　旱情遥感监测指数模型方法

植被生长状况主要与水分有关,植被的长势好坏能够间接反映水分的多少。归一化差值植被指数(normalized differential vegetation index,NDVI)是一种常用的植被指数,也是描述区域旱情的重要指标。在积累多年气象卫星资料的基础上,可以得到各个地方不同时间的 NDVI 的平均值,这个平均值大致可反映土壤供水的平均状况。NDVI 当时值与该平均值的离差或相对离差,反映偏旱或偏湿的程度,由此可确定旱情等级,基于此,Kogan等提出了植被状态指数;基于多年亮度温度,Kogan 等进一步提出了温度状态指数,并在TCI 和 VCI 的基础上提出了植被健康指数 VCI、TCI、VHI,被广泛地应用于区域的旱情监测当中,冯强等基于 NOAA AVHRR 数据,使用 VCI、TCI 和 VHI 指标开展了黄淮海平原地区的旱情监测。Anyamba 和 Tucker 等回顾了基于 NOAA AVHRR 的旱情遥感监测指数三模型方法的发展历程。

2.4.2　土壤水分算法

土壤水分是陆地水文循环中的重要状态变量,直接联系土壤—植被—大气各个系统,是调控地—气反馈的最重要参量之一。大范围的土壤水分监测是农业过程研究、干旱监测和环境因子评价的基础,而区城尺度乃至全球范围的地表土壤水分反演又是陆面过程模式研究的重要组成部分,在改善区域及全球气候、预测区域干湿状况研究中意义重大。遥感手段是获取非均匀下垫面、大尺度区域范围土壤水分状况的重要手段。基于卫星遥感技术对土壤水分的时空分布进行精准测定,是近年来定量遥感研究的热点难题之一。遥感测量按手段的不同可分为光学遥感、被动微波、主动微波。在光学遥感方面,各种监测方法利用植被对土壤水分胁迫响应,如反射率法、热惯量法、作物缺水指数法、植被指数距平法、植被状态指数法、温度状态指数法、温度植被干旱指数(TVDI)法、高光谱方法等。光学遥感反演土壤水分,是目前发展时间最久、方法相对成熟的方法,但是如前所述,容易受云雨的影响。另外,土壤类型、植被覆盖、大气等因素也会对其应用产生较大的影响,使得其在实际应用中很难满足实际需要。另外,如何利用时间序列静止气象卫星数据是光学土壤水分遥感反演中的一个重要方向。微波遥感以其全天时、全天候的工作能力以及对植被和土壤具有一定的穿透能力的特点而被应用于土壤水分反演,被认为是当前土壤水分反演中有效的方法之一。根据数据源的特点,可以分为被动微波遥感和主动微波遥感。被动微波土壤水分反演主要是利用微波辐射计获得土壤的亮度温度,然后通过物理模型反演土壤水分或建立土壤水分与亮温的经验/统计关系从而反演土壤水分。总体来说,包括统计法和正向模型法两种算法。

2.4.3　卫星降水方面

遥感技术应用于降水观测起始于 20 世纪 70 年代,最初的降雨遥感依据地球静止轨道卫星对云层顶端温度和亮度的热红外观测,精度较差。随着技术的进一步发展,微波遥感逐渐被应用于降雨观测。相对于热红外遥感技术,微波遥感反演降雨量更准,但时间精度较差。

2.4.4　遥感蒸散发方面

遥感数据逐渐成为研究区域水循环和能量平衡的重要数据源,区域蒸散发的遥感估算模型方法正在成熟。在国际地圈和生物圈计划(IGBP)及世界气候研究计划(WCRP)的“全球能量和水循环试验研究项目的协调组织下,在世界不同地区进行了一系列的陆面过程试验。这些大型试验中,针对不同尺度的地表通量进行了观测,为不同尺度的遥感蒸散发提供了基础资料。

2.4.5　水体面积变化监测

地表水体(包括湿地)对于防汛抗旱以及水资源、生态和环境的保护都起着重要的作用。基于水体面积变化监测,可为区域旱情监测提供重要信息。水体提取方法依据遥感数据类型分为光学影像水体提取和雷达影像水体提取。基于光学影像的水体信息和识别方法包括阈值法、差值法、比值法、光谱特征变异法、光谱主成分分析法等。其他如色度判别、考虑云层去除的水体提取、目视直接判读等法也得到了广泛的应用。利用雷达遥感技术获取水体因其不受白天黑夜和云雾的限制,已广泛应用于水灾监测中,也可应用于多云多雨地区旱情监测中,就雷达图像的水体的识别提取而言,在平坦地区,因不需要考虑水体与山体阴影混淆的问题,故而比较容易。但是,对于包括山区的区域而言,山体阴影使得自动提取水体非常困难,即使利用纹理和形态分析法也难以解决这一难题。

随着卫星遥感技术的飞速发展,可用于水体提取的遥感影像数据源越来越多,大范围快速水体提取技术日益成熟。但地表水体面积并不是水资源量,除了有需水量、水位、面积关系曲线的水库和重要湖泊外,从面积转换到水量还必须解决水深的问题。

2.5　水旱灾情数据处理

　　水旱灾情评估的目的是对洪涝灾害、旱情灾害以及因此产生的其他次生灾害影响进行评价。常规的方法是利用各地上报的受灾地区统计数据对洪灾进行评估,但是灾害统计上报数据在及时性和数据客观性方面有一定局限。对于涉水目标的监测,仅依靠现有的监测台站和传统监测技术方法很难满足实时、快速、宏观、准确的监测要求,遥感技术具有成本低、速度快、监测范围广的优点,且利用遥感手段便于对涉水目标进行长期的动态监测。因此,涉水区域在遥感地理信息系统(GIS)技术的支持下,有可能实现在灾中或灾后较短时期内对水灾损失概况进行评估,这种方法不完全依赖于灾害统计数据,而是充分利用水灾的自然特征指标和社会经济指标,应用信息提取、空间分析和数学模型等方法。这种方法除关心区域平均状况外,更关心水灾影响和损失的空间分布情况。而对于旱情的监测,卫星遥感是获取非均匀下垫面的有效、经济的手段,是解决复杂条件下,大尺度区域范围陆面蒸散发和土壤水分状况及其在生态环境中转换机理研究的有效工具。大面积的遥感地表辐射和温度观测,可直接提供土壤—植被—大气系统的界面能量信息;多光谱、多角度的遥感资料可反演下垫面的特征参数;多时相的遥感观测信息可反映土壤和植被的水分状况。本节重点论述基于遥感和 GIS 技术的灾情评估方法,采用卫星和无人机作为监控平台对水旱灾情进行评估,而对于利用分项灾情统计数据指标对场次洪灾的灾情进行综合评估不作为本节论述的重点。

2.5.1　卫星数据处理

2.5.1.1　卫星数据处理的特点

　　卫星数目众多,在水旱灾害情况发生时,常用的遥感数据为 Quickbird、IKONOS 等高分辨率卫星遥感数据,Landsat、SPOT 等中分辨率卫星遥感数据,以及 NOAA、FY 气象卫星及航空遥感数据。TM 数据适用于 1∶50 000～1∶200 000 比例尺的背景数据采集、河流系统及湖泊分布的解译与水库库容测定 SPOT 数据处理后可得到研究区域数字地形模型(DTM),采集更详细的地面资料,NOAA 及 FY 在灾前背景数据收集中,主要用于对气象数据的采集,高分辨率卫星遥感数据和航空遥感数据主要用于 1∶10 000 及更高比例尺背景数据库的更新。当灾害发生时,在受灾区域上空是否有过境有效数据源仍是进行灾情分析的关键。

2.5.1.2　卫星数据处理方法

　　遥感影像的预处理通常包括遥感影像纠正、影像配准和影像镶嵌和数据剪裁等。

1.遥感影像纠正

遥感影像纠正处理包含辐射纠正和几何纠正两种方式。

1）辐射纠正

辐射纠正包括系统辐射纠正和大气辐射纠正。传感器本身具有一定的系统误差，由此产生系统辐射畸变，此部分由传感器厂家根据传感器参数进行纠正；大气的吸收和散射现象致使影像畸变失真的部分即为大气辐射失真，需要进行大气辐射纠正。依据大气散射的选择性不同，即大气散射对短波影响大、对长波影响小的特点，大气辐射纠正可以通过直方图法或回归分析法来消除或者减少大气辐射引起的影像畸变失真。

（1）直方图法纠正。

遥感影像的光谱包括了可见光和近红外的范围，路径辐射的影响不能被忽略，如果影响包括暗色地物或地形阴影，可进行对应波段减去最小亮度值的方法进行校正，或选用阴影区域的平均亮度值。

若影像中存在亮度值为 0 的目标，例如深水体、高山阴影处等，各个波段的亮度值均为 0。但实际上只有不受大气影响的波段才为 0，其他波段受到大气中水汽散射等的影响（路径辐射），目标亮度值不为 0。

需要注意的是，工作地区的图像中并不是总能找到全黑的区域（高山阴影、茂密植被、干净的深水等），如果找不到，上述方法就不可行。

如图 2-1 所示，由基准图像的直方图来看，图像中存在最黑的目标，从待校正的直方图来看，最小的像素值不是 0，是 a_1。因此，a_1 就是大气散射的影响，将待校正的图像每个波段的像素值均减去其所对应的大气散射值 a，就实现了图像的大气校正。

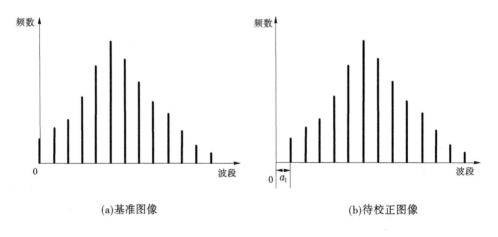

(a)基准图像　　(b)待校正图像

图 2-1　图像的波段直方图

（2）回归分析法纠正。

在不受大气影响的波段和待校正的某一波段图像中，选择最黑区域（通常为高山阴影区）中的一系列目标，将每一目标的两个待比较的波段亮度值提取出来进行回归分析。这种方法又被称为暗像素法。

例如,在 TM 图像中,蓝光波段的 B_1 大气散射最大,红外波段的 B_7 散射最小。图像中深的大面积水体与地形阴影在 B_7 中是黑的,如果不存在附加的辐射,这些水体与阴影在其他波段也应该是黑的,B_1 与 B_7 应该具有比例关系。如果受到影响,在其他波段会产生偏移。

若对 B_1 进行校正,首先在 B_1 上的最黑区域中选择一系列目标(例如地形阴影区),再找出 B_7 上对应的目标,以这两个波段作散点图,并做回归分析,以确定偏移量。回归方程为

$$B_1 = b_0 B_7 + a_0$$

式中,B_1、B_7 为遥感影像 1 波段和 7 波段目标的灰度值;b_0、a_0 为直线的斜率和截距。

校正后 B_1 的值为

$$B'_1 = B_1 - a_0$$

式中,B_1 为遥感影像 1 波段灰度值;a_0 为上述方程的截距,即偏移量。

同理,用上述方法可以对 TM 影像的其他波段分别进行校正。

注意:黑区域一定是类似于高山阴影区的在所有波段全黑的区域。因为地物的光谱响应在各个波段有所不同,在一个波段黑,并不意味着在其他波段也黑。如果不是在所有波段均为黑,通过回归分析曲线拟合就加进了地物光谱特性因素而不全是散射的影响,是没有价值的。

2)几何纠正

几何纠正则是针对搭载传感器的遥感平台飞行姿态变化、地球自传、地球曲率等原因,使影像相对于地面目标产生的畸变而进行的纠正,几何纠正可分为粗纠正和精纠正。粗纠正也称系统级几何纠正,由地面站根据系统参数进行改正;精纠正则是由用户利用地面控制点(GCP)进行的几何纠正。精纠正是指消除影像中的几何变形,产生一幅符合某种地图投影或图形表达要求的新影像的过程。包含两个环节:一是像素坐标的变换,即将影像坐标转变为地图或地面坐标;二是对坐标转换后的像素亮度值进行重采样。主要处理过程如下:

(1)根据影像的成像方式确定影像坐标和地面坐标之间的数学模型。

(2)根据所采用的数学模型确定纠正公式。

(3)根据地面控制点和对应像点坐标进行平差计算变换参数,并评定精度。

(4)对原始影像进行几何变换计算,进行像素亮度值重采样。

目前的纠正方法有多项式法、共线方程法等。利用遥感影像专业软件,如 ERDAS、ENVI 等遥感图像处理软件,可以高效地进行遥感影像的几何纠正工作。

(1)多项式法。

多项式法又叫多项式纠正方程,因为它的原理直观、计算方法简单,特别是在地形相对平坦的区域准确度较高,在实践中应用最为广泛。该方法对各种类型的传感器的纠正具有普遍适用性,不仅仅可以满足图像—地图之间的纠正,还可以用于不同类型遥感图像之间的几何配准,以用于满足地物分类、地物变化检测等相关处理的需要。

遥感图像的一般变形主要是简单的平移、旋转、缩放变形,因此可以使用最基本的仿射变换公式进行纠正:

$$x=a_0+(a_1X+a_2Y)+(a_3X^2+a_4XY+a_5Y^2)+(a_6X^3+a_7X^2Y+a_8XY^3+a_9Y^3)+\cdots$$

$$y=b_0+(b_1X+b_2Y)+(b_3X^2+b_4XY+b_5Y^2)+(b_6X^3+b_7X^2Y+b_8XY^3+b_9Y^3)+\cdots$$

式中,x,y 为像素的原始图像坐标;X,Y 为同名像素的地面(或地图)坐标;a_i、$b_i(i=0,1,2,\cdots,N-1)$ 为多项式的系数。

多项式的项数 N(系数个数)与其阶数 n 有着固定的关系:

$$N=\frac{1}{2}(n+1)(n+2)$$

需要注意的是:

①多项式纠正的精度与地面控制点的精度、分布和数量及纠正的范围成正相关,地面控制点的精度越高、分布越均匀、数量越多,几何纠正的精度就越高。

②采用多项式纠正时,在 GCP 处的拟合较好,但在其他点的误差可能会较大,误差均值小,并不表示影像中各个点的误差均小。

③多项式的阶数取决于图像中几何变形程度,如果纠正图像因平移、旋转、比例尺变化和仿射变形等引起的线性变形采用一阶就可以解决,并非阶数越高,几何纠正的精度就高。

为了克服控制点数据选择可能产生的一系列问题,可用勒让德正交多项式代替一般多项式进行计算。

(2)共线方程法。

共线方程法是在图像坐标与地面坐标严格变换关系的基础上,对成像空间几何形态进行直接描述。在纠正过程中采用相应区域的 DEM 数据,在地形起伏较大的情况下,此方法具有其纠正精度上的优越性。但因为此方法需要高程信息,且在一幅图像中,受到传感器位置和姿态的影响,其外方位元素的变化规律只能近似表达,因此有一定的局限性,使其在理论上的严密性难以保证,所以相较于多项式法,其计算量较大,精度提高不显著。

共线方程法是建立在对传感器成像时的位置和姿态进行模拟和解算的基础上,即构像瞬间的像点与相应的地面点应位于通过传感器投影中心的一条直线上。共线方程的参数可以预测给定,也可以通过最小二乘法原理进行求解,得到每个像元的改正数,从而实现几何校正的目的。

2.影像配准

近年来,随着 IKONOS-2、QuickBird-2、WorldView-1 等各种各样的高分辨率遥感卫星相继成功发射,研究人员获取的遥感影像越来越多。这样研究人员就会面临不同时间同一时间地区的影像、不同传感器同一地区的影像以及不同时段的影像这样的多源、多时相遥感影像问题。多源影像间须保证几何上是相互配准的,即将多图像的同名图像通过几何变换实现重叠的过程,其实质就是遥感影像的几何校正,根据影像的几何畸变特点,采用一种几何变换将影像归化到统一的坐标系中。目前,遥感影像配准的方法通常采用多项式纠正法、相关函数法和基于小面元的配准法等。

1)多项式纠正法

多项式和共线方程都可以实现多图像的几何配准。例如,采用多项式纠正法,一旦在多图像上选择分布均匀、足够数量的一些同名图像作为相互匹配的控制点,就可以根据控制点计算多项式系数,实现一幅图像对另一幅图像的几何纠正,以此类推,从而达到多图像之间的几何配准。但在许多情况下,难以找到精准控制点来实现几何配准。因此,相关函数法和基于小面元配准法在实际中有着广泛的应用,现阶段的图像处理软件多采用此类方法进行多影像自动配准。

2)相关函数法

相关函数法是通过对两组图像做相对移动,计算出两者同名点之间的相关函数,并以相关函数最大值对应的相应区域中点作为同名点,找出其相似性量度值最大或是差异值最小的位置作为图像配准的位置。

数字图像相关过程如下:

(1)选取图像中的目标区域 $T_1,T_2,\cdots,T_i$(如图 2-2 所示),其大小为 $m×n$,并确保目标点位于中心位置。划定待配准图像中的区域 $S_1,S_2,\cdots,S_i$,其大小为 $j×k$,且 $j>m,k>n$。

(2)将 T_i 放在与 i 相对应的搜索区 S_i 中,搜索同名点,逐像素进行移动搜索区域来计算目标区域与待配准区域的相关系数,取相关系数最大者为同名区域,其中心点作为同名点。

(3)重复进行步骤(1)、步骤(2),在待配准图像中搜索其同名点,该位置就是图像匹配的位置。

(4)找到足够多的同名点后,利用多项式拟合,将待配准图像与参考图像进行图像配准。

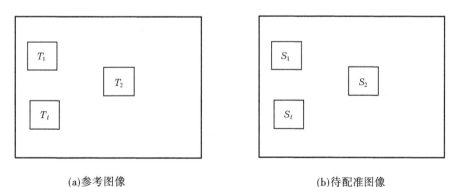

(a)参考图像　　　　　　　　　　　　　(b)待配准图像

图 2-2　数字图像

下面介绍图像匹配的计算方法:

(1)相关系数测度。

相关系数是标准化的协方差函数,协方差函数除以两个信号的方差即为相关系数,对于信号,其相关系数为

$$\rho(f,g) = \frac{C_{fg}}{\sqrt{C_{ff}C_{gg}}}$$

式中,C_{fg} 为协方差;C_{ff}、C_{gg} 分别为 f、g 信号的方差。

对于两个离散的数字图像,其灰度数据 f、g 的相关系数表达式为

$$\rho(c,r) = \frac{\sum_{i=0}^{m-1}\sum_{j=0}^{n-1}(f_{i,j}-\overline{f}_{i,j})(g_{i+r,j+c}-\overline{g}_{r,c})}{\sqrt{\sum_{i=0}^{m-1}\sum_{j=0}^{n-1}(f_{i,j}-\overline{f}_{i,j})^2 \sum_{i=0}^{m-1}\sum_{j=0}^{n-1}(g_{i+r,j+c}-\overline{g}_{r,c})^2}}$$

其中

$$\overline{f} = \frac{1}{n\times m}\sum_{i=0}^{m-1}\sum_{j=0}^{n-1}f_{i,j}$$

$$\overline{g} = \frac{1}{n\times m}\sum_{i=0}^{m-1}\sum_{j=0}^{n-1}g_{i,j}$$

式中,f 为目标区 T 的灰度窗口;g 为搜索区域 S 内大小为 $m\times n$ 的灰度窗口;(i,j) 为目标区域中的像元行列号;(c,r) 为搜索区域中心的坐标,搜索区移动后 (c,r) 随之变化;$m\times n$ 为目标和搜索区的行列数,$\rho(c,r)$ 为目标区 f 和搜索区 g 在 (c,r) 处的相关系数,当 T 在 S 中搜索完后,ρ 最大者对应的 (c,r) 即为 T 的中心点的同名点。

(2)差分测度。

对于离散的数字图像 T 和 S,差分测度采用如下公式:

$$S(c,r) = \sum_{i=0}^{m-1}\sum_{j=0}^{n-1}\left| T_{i,j}-S_{i+r,j+c} \right|$$

此时,当 S 最小时其对应的图像点为同名点。

(3)相关函数测度。

对于离散的数字图像 T 和 S,相关函数测度采用如下公式:

$$R(c,r) = \frac{\sum_{i=0}^{m-1}\sum_{j=0}^{n-1}T_{i,j} \cdot S_{i+r,j+c}}{\left[\sum_{i=0}^{m-1}\sum_{j=0}^{n-1}T^2_{i,j} \cdot S^2_{i+r,j+c}\right]^{\frac{1}{2}}}$$

当 R 最大时其对应的图像点为同名点。找到足够数量的同名点后,采用多项式拟合,就可以将待配准图像与参考图像进行图像配准。

3)基于小面元的配准法

基于小面元的配准法则是采用特征点作为配准控制点,利用多种匹配方法和匹配策略获取同名点,再以这些点构成的三角网进行微分纠正,得到配准影像多源遥感影像之间的相对配准。研究与试验结果表明,该方法可以很好地解决可见光范围内,尤其是不同传感器、不同分辨率的遥感影像,在配准精度、适用性、可靠性上均有所提高。

3.影像镶嵌

当研究区域在不同的影像文件时,需要将不同的影像文件合成形成一幅完整的包含

研究对象区域的影像,这就是影像的镶嵌。通过镶嵌处理,可以获取更大范围的地面影像。参与镶嵌的影像可以是不同时间同一传感器获取的,也可以是不同时间不同传感器获取的,但同时要求镶嵌的影像之间有一定的重叠度。影像镶嵌的关键主要在于如何消除接缝的问题。处理过程主要包括影像几何纠正、镶嵌边搜索、亮度和反差调整和边界线平滑。影像镶嵌的过程从数学上讲相当于影像灰度曲面的光滑连续,两者相互之间也有区别。影像灰度曲面的光滑化表现为影像的模糊化,从而导致影像模糊不清。针对这一问题,目前通过小波变换函数得到较好的解决。

小波变换函数其实是带通滤波器,在不同尺度下的小波分量,实际上占有一定的宽度。宽度越大,该分量的频率就越高,因此每一个小波分量多具有的宽度是不同的。将待拼接的两幅图像按照小波分解的方法,将其分解为不同频带的小波分量,然后在不同的尺度下选择不同的灰度值修正影响范围,将两幅图按照不同尺度下的小波分量先拼接起来,最后用恢复算法来恢复整个图像,这样的拼接结果可以很好地兼顾图像的清晰度和光滑度。具体方法如下:

假设图像 A 和 B 是待镶嵌的两幅图像,其数据分别是 $C_A^0 = C_A^0(m,n)$, $C_B^0 = C_B^0(m,n)$,利用正交小波变化,得到各个小波分量:

$$(d_A^{l1}, d_A^{l2}, d_A^{l3}), \cdots, (d_A^{N1}, d_A^{N2}, d_A^{N3}), C_A^N$$

$$(d_B^{l1}, d_B^{l2}, d_B^{l3}), \cdots, (d_B^{N1}, d_B^{N2}, d_B^{N3}), C_B^N$$

现在假设要将图像 B 中的一部分 S_B 嵌入到图像 A 中,如图 2-3 所示。

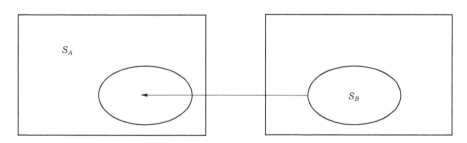

图 2-3　影像镶嵌示意图

令

$$K(x,y) = xS_B(x,y) = \begin{cases} 1 & x,y \in S_A \\ 0 & x,y \in S_B \end{cases}$$

若令 $K(x,y)$ 的样本值为 C_S^0,那么它在不同尺度下的光滑分量为 $C_S^1, C_S^2, \cdots, C_S^N$,则

$$d^{ij}(k,l) = C_S^{ij}(k,l)d_A^{ij}(k,l) + [1-C_S^{ij}(k,l)]d_B^{ij}(k,l)$$

$$C^N(k,l) = C_S^N(k,l)C_A^N(k,l) + [1-C_S^N(k,l)]C_B^N(k,l)$$

其中,$i=1,2,3,\cdots,N$,$j=1,2,3$,取 $\{(d^{l1},d^{l2},d^{l3}), \cdots, (d^{N1},d^{N2},d^{N3}), C^N\}$ 为镶嵌后图像的正交小波变换,则由恢复算法可以得到镶嵌图像。应注意的是,在做小波变换时要对边界进行处理,防止信息丢失。

4.影像裁剪

在实际工作中,根据任务区的工作范围进行影像分幅裁剪,图像裁切的目的是将研究区域以外的区域去除。常用的方式是按照行政区划边界等进行图像裁切,在实际生产中还经常需要进行标准的分幅裁剪。利用遥感数据处理软件可实现两种影像分幅裁剪:规则分幅裁剪和不规则分幅裁剪。根据不同任务需求,可选用不同的裁剪方式。

2.5.1.3　基于卫星数据的洪涝监测技术

就洪涝灾害监测分析而言,淹没范围、淹没水深和淹没历时的确定对于防洪抗涝、风险分析和灾情评估具有重要意义。因此,利用典型地物的光谱特征,在可见光和近红外波段设定阈值,一般可以快速识别水体范围。因此,只需要获取同一区域灾前本底影像和灾后淹没影像,利用光谱特征提取水体面积,进行差值计算就可确定淹没面积。在洪涝淹没区域的初步判定中,此类方法有着良好的应用。而在此基础上,利用灾后水体和灾前本底水体的比较确定洪涝灾害的淹没面积,并进一步依靠 DEM 的支持计算淹没范围内的水深。可获取淹没范围的水体体积,为洪涝灾害监测与评估提供可靠的数据支持。

1.基于遥感的淹没范围估算的洪涝监测方法

洪涝灾害卫星遥感监测的关键在于水体信息的精确识别和提取。由地物的光谱特性可知,水体、植被、土壤等在可见光和近红外波段的反射光谱特性有着较大的差异。水体在近红外通道有很强的吸收性能,反射率很低,在可见光通道的反射率较近红外通道的高。植被在可见光通道的反射率较近红外的低,在近红外通道波长范围内,植被的反射率明显高于水体的,而在可见光通道波长范围内,水体的反射率高于植被的;土壤的反射率在可见光通道波长范围要高于植被和水体的,在近红外通道则高于水体而低于植被的。利用典型地物的这些光谱特征,在可见光和近红外波段设定阈值,一般就可识别水体信息。在暴雨洪涝发生期间,水体的反射率由于其杂物及泥沙含量增多而增强,同时土壤的反射率由于其含水量增加而减弱,这使水体和土壤的区分变得复杂。这时,如果采用可见光和近红外比值增强模式,就可达到突出水体信息、抑制陆地(包括植被和土壤)信息的目的,将水体从陆地中识别出来。其比值增强模式如下:

$$R = k(CH_2/CH_1)$$

式中,R 为比值植被指数;CH_1、CH_2 分别为 MODIS 可见光和近红外波段的反射率;k 为放大倍数,取 100。

2.基于遥感的水深反演洪涝监测方法

淹没水深是度量洪灾严重程度和评估洪灾损失的重要指标之一,但计算这一指标对所需要的数据源也有所不同。目前,水深遥感监测仍是主要针对 Landsat、SPOT 等国外遥感卫星获取的影像,基于国产高分辨率遥感影像的应用相对较少。因此,GF-1 卫星的成功发射有效地缓解了国内高分辨率遥感数据供应不足的局面,由此逐渐摆脱长期以来对国外卫星数据的依赖,如今已在地表覆被变化、自然资源监测、环境质量评估及生态环境变化等研究中发挥了重要作用。将 GF-1 卫星 WFV16m 分辨率多光谱数据应用于中小流域洪涝淹没水深监测,选择简单、易行、运算效率高的植被指数 NDVI 提取淹没水体,并以空间差值的计算方式求取淹没面积,了解其空间分布。相关结果可为政府部门防洪抗涝和灾情评估提供一定帮助,从而进一步拓展国产卫星在洪涝灾害监测上的应用。

当运用 GIS 方法获取淹没水深时通常需要数字地面高程模型的支持,由水面高程与地面高程之差来计算水深:

$$D = E_w - E_g$$

式中,D 为水深;E_w 为水面高程;E_g 为地面高程。

洪水表面可能是水平平面、倾斜平面甚至是一个复杂曲面。受地势和水深的影响,静态的自然水面应该是复杂的曲面,用方程描述很复杂,求解计算量也很大。因此,在计算淹没水深时,一般将曲面简化为平面。计算水面高程的首要工作是确定水面的范围与形态,即淹没范围的提取。利用遥感影像提取的淹没范围可能是不规则的,也可能是破碎的多个独立水面,故将水面简化为斜平面(包括水平面),通过叠加水体斜面的边界(提取的淹没范围)和 DEM 即可得到洪水边界的高程点集,继而由水陆交界点高程向水面内部进行内插,便可求得离散的水面高程分布,由此计算淹没范围内的水深。可选用 ASTGTM2 DEM 的数据来进行计算。

2.5.1.4　基于卫星数据的旱情监测技术

1.基于遥感指数的旱情监测方法

1)植被状态指数法

植被在可见光波段和近红外波段的强吸收与强反射光谱特征是植被指数法用于作物长势监测和土壤水分状况评估的基础。当作物受到水分胁迫时,其生长受到限制,导致作物对可见光波段的反射率增高,而红外波段的反射率却降低,因此通过可见光及近红外两个波段的线性或非线性组合成的植被指数可以评估作物的受旱状况。归一化植被指数(NDVI)是一种常用的植被指数,也是描述区域旱情的重要指标。基于归一化植被指数,Kogan 提出了植被状态指数(VCI),可用于大范围旱情的监测应用。为实现全国大范围的旱情监测应用,水利部防洪抗旱减灾工程技术研究中心收集整理了覆盖中国国土范围的 NOAA/AVHRR 归一化植被指数数据和 MODIS 植被指数数据,对植被指数进行滤波、插补处理,形成一套完整的植被指数数据集,在此基础上进行植被状态指数的计算。

2)温度状态指数法

地表温度能够反映作物及下垫面的水分状况,卫星遥感反演的地表温度数据可以用于区域尺度的旱情监测。温度状态指数(TCI)由 Kogan 在 VCI 的基础上提出,其中的温度数据使用的是亮度温度。

2.基于遥感的区域土壤水分反演及旱情监测方法

土壤含水量与植被状态和地表温度三者之间具有复杂的相关性,研究表明基于归一化植被指数(NDVI)和地表温度(LST)的多元回归可以很好地反演土壤含水量。首先建立地表参数 NDVI 和 LST 与土壤含水量(RSM)的多元回归方程,利用地面实测土壤墒情数据与遥感反演的 NDVI 和 LST 进行模型参数率定,进而计算每个像元的土壤含水量。考虑到土壤类型的影响,在反演过程中按照土壤类型的不同,分类进行多元回归拟合,构建温度植被指数多项式模型用于土壤含水量的反演。在土壤含水量反演的基础上,依据国家气象干旱标准实现区域旱情的监测及应用。

　　3.基于遥感和陆面水文模型的旱情监测方法

　　基于卫星遥感的旱情监测方法为区域旱情监测、评估与分析提供了新视角,但由于受到卫星过境时刻、重访周期、幅宽、雨、云等因素的影响,卫星遥测数据在空间维度上或时间维度上不够连续,全国或较大区域上相应的旱情估算与监测在时间上和空间上也不够连续。陆面水文模型系统描述了地表的能量收支和水分收支平衡,系统刻画了土壤—植被—大气连续体的生物、物理、化学过程,是进行区域尺度水热平衡模拟的有效工具。一方面,卫星遥感的观测信息可提供陆面水文模型所需的关键地表状态信息;另一方面,通过气象数据驱动陆面水文模拟可以实现区域尺度土壤水分、地表蒸散发的连续模拟,可有效弥补遥感水分反演方法时空连续性的不足。对此,水利部防洪抗旱减灾工程技术研究中心在收集整理中国区域近 60 年气象驱动数据的基础上,完成了近 60 年的中国区域陆面水文模拟。基于实时气象驱动数据,实现逐日标准化降水指数、降水百分率等气象干旱指数的计算。通过实时气象数据的整理和规范化,开发了一套陆面水文模拟系统,可实现逐日的陆面水文状态的模拟。基于历史的陆面水文模拟数据集和实时模拟的土壤水分数据实现了 30 d 滚动的土壤水分距平和土壤湿度标准指数等旱情指标的计算,并开发了基于卫星遥感和陆面水文模型的旱情监测与预警业务系统,模型可进行实时计算及旱情监测。

2.5.2　无人机数据处理

　　无人机移动测量系统一般由飞行平台(搭载测量任务传感器的载体,包括固定翼平台、多旋翼平台、无人艇等)、任务载荷及其控制系统(任务载荷和平台控制计算机)、飞行控制系统(包括机载飞行系统和地面控制系统)、数据处理系统等几部分组成。其中,任务载荷包括高分辨率光学相机、红外线传感器、倾斜摄影相机、视频摄像机等。

　　因此,传统意义上的低空无人机航空摄影测量系统飞行是以无人机为飞行平台,搭载高挡民用相机,基于地面控制系统实施航迹规划和监控,借助飞行控制值系统实现高分辨率遥感影像的自动拍摄,从而快速获取目标区域基础地理信息数据。

　　无人机数据处理系统作为实施作业的最后也是最重要的步骤,需要对采集到的数据信息进行分析、调绘、编辑和调整,生成点云数据和 DSM 模型,经过数字微分纠正和数字嵌套,生成 DOM 模型,再经过 RTK 矫正生成 DEM 模型。在数字水利设施建设中,还可以结合 DOM 和 DEM 数据生成三维模型,进行水利工程信息三维可视化功能的开发和应用。

2.5.2.1　无人机数据处理的特点

无人机移动测量数据处理的目的是针对不同的应用需求,按照图像或视频等数据处理技术流程生产测量数据产品,为相关产业和用户提供数据支持和信息服务。

视频数据在水利行业中较多地应用于工程现场的总体展示和应急突发响应中,例如水利工程视频展示、工程施工情况展示、水旱灾害监测、现场实时情况传输等。因此,它对飞行区域的覆盖范围较少,相对处理流程较少。对于特殊紧急应用中,仅需快速简单地传输就能实现产品要求。

影像数据处理就相对较为复杂,因其应用场景的专业性需要,包括水利工程前期勘查规划、数字正射影像图的构建、水利工程信息化建设等方面的业务需求,影像数据处理技术相对较为复杂。

无人机影像数据具有畸变大、相幅小、数据量多的特点。需要实现影像质量快速检查和处理,又因为数据预处理中,影像匹配、影像定向等内业数据处理带来的困难,导致其影像在数据处理方式中的总体技术流程与传统影像处理方式不同,主要具有以下特点。

1.数据处理时间少

传统的遥感影像处理受到硬件等因素的影响,数据处理周期长,无人机数据处理采用图形工作站批量统一处理的方式,科技的发展带动着计算机的性能有着显著的提升,根据工作范围区域的多少,影像数据处理的时间可降至几天甚至几小时。若进行工作站联动批量进行数据处理,周期将会进一步缩短。

2.处理方式自动化、软件化

相较于传统的遥感影像数据处理方式,市场上各种无人机数据处理软件的出现,使得无人机数据处理方式更加智能化、自动化,用户只需要简单的几个步骤,就可以使用无人机数据处理软件,将获得的影像数据进行处理,人工干预大幅减少,提高了作业效率。

3.数据精度高

无人机作业时地面控制点的加入,使得无人机摄影测量的进度进一步提升,面对大范围作业区域的人工勘测。无人机移动测量技术在减少人力成本的前提下,同时也能够保障数据精确度和准确度的提高。

4.业务种类多元化

目前,无人机移动测量技术已在水利行业中有着广泛的应用。例如,水利工程前期勘测调绘、水利工程监测、数字水利信息化建设、自然灾害评估与应急响应等领域。因无人机移动测量技术相较于传统测量和卫星遥感,具有响应迅速、机动灵活、操作便捷的特点,具有极强的现势性和及时性。在水旱地质灾害、森林火灾、水利施工坍塌等突发应急情况中,因受到环境影响和气候影响较少,应急无人机移动测量和实时图传无人机移动测量设备可通过网络链接,将现场情况信息第一时间传送到后方指挥中心,为领导决策部署提供技术支撑。

2.5.2.2　无人机数据处理对象

用于水利行业中的无人机移动测量数据产品主要包括视频数据产品和影像数据产品。进行测绘产品生产是影像处理的最终目的,主要有数字高程模型(DEM)、数字正射影像图(DOM)、数字线划图(DLG)、数字栅格地图(DRG)和应急影像图等。

根据水旱灾情任务情况和需求,以及测区实际情况限定,现阶段所需要的产品主要为视频数据产品和应急影像图,根据任务需要制作数字正射影像图(DOM),并可以结合数字高程模型(DEM)生成受灾区域的三维模型。

2.5.2.3　无人机数据处理技术流程

无人机移动测量数据处理的对象主要包括视频数据和影像数据,其中处理内容主要包括数据预处理、影像拼接、影像分类解译、测绘产品生产等。

1.视频数据处理

在无人机移动测量数据处理中,视频数据多是用来对作业区域进行简单展示,因此视频的处理就相对较少。在应急快速反应场合,可以利用机载传感器完成现场空间位置信息、动态影像信息的实时采集、高效处理,实现视频直播,以达到动态测绘和移动目标精确测绘的目的。视频数据的基础是由一系列的空间和时间连续的视频帧组成的,而视频帧的本质是静态影像。因此,在获取视频数据时,由于无人机视频影像数据与相机影像数据格式不同,在进行数据获取和预处理时,可不考虑曝光间隔等因素,只需要飞行前进行航线规划,飞行任务结束后,再检查获取的视频数据即可。视频数据的预处理主要包括摄像机的标定、GPS插值计算。与搭载非量测型数码相机的无人机数据处理流程相同,在对无人机视频影像数据处理之前,需要对传感器进行校验,经过像元畸变校正后,再对影像进行其他处理操作。由于关键帧影像的帧率较高,为保证影像重叠率,每间隔一段时间可任意提取一张关键帧影像,设立为有效影像。通过快速确定有效影像并准确进行外方位元素赋值,实现无人机飞行器在空中悬停或绕飞状态下序列视频成像的地理空间标注。即以无人机在飞行时同步测量的动态 POS 数据参数为基础,采用参数内插与瞬时赋值算法,依照序列视频帧的地理空间信息进行定量化表达。或者通过无人机的 GPS、INS 集成系统获取的摄像机外方位元素为初始值,进行 GPS 数据插值处理,保证关键帧影像具有坐标信息(见图 2-4)。

2.常规影像数据处理

无人机影像数据常规内业处理主要用于影像数据产品生产,包括数字高程模型(DEM)、数字正射影像图(DOM)、数字线划图(DLG)、数字栅格地图(DRG)的生产中。其处理流程相较于视频数据处理,产品内容更加丰富,处理方法也相对复杂。影像数据常规业内处理流程如图 2-5 所示。

影像数据常规内业数据处理步骤如下:

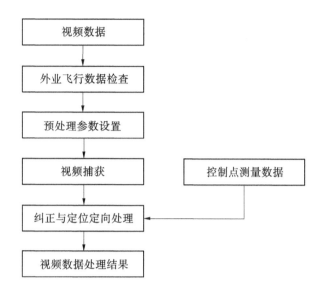

图 2-4　无人机视频数据处理流程

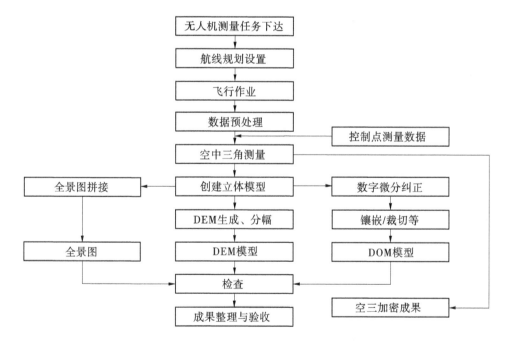

图 2-5　无人机影像数据常规内业处理流程

（1）无人机测量任务下达，对测区信息进行资料收集，并进行现场调研规划，按照《低空数字航空摄影规范要求》（CH/Z 3005—2010）设计制订航线规划，进行飞行作业。

（2）进行飞行质量检查，是否按照行业要求，完成了现场采集区域范围的要求，并对像片重叠度、像片倾角、像片旋角、摄区边界覆盖保证，并对影像质量进行初步检查。

（3）进行数据分析。建立工程文件，以一个架次为单位，设定"相对定向限差"和"模型连接限差"等基本参数,并建立相机文件,输入相机参数,设定相机校验参数,填写航带的航向重叠度。

（4）进行数据预处理。包括影像几何校正和辐射校正等内容,无人机影像常常包含严重的畸变,引起畸变的主要原因是几何畸变和镜头畸变,这其中还包含着系统性的几何畸变和非系统性的几何畸变。畸变校正就是根据搭载相机的内方位元素和畸变差模型系数,通过使用无人机校正软件对航摄元数据进行处理计算,消除畸变对影像造成的不利影响。畸变校正后的影像将拥有统一的地理坐标,可准确地反映实际地面的情况。辐射校正的目的是使影像间的色调和反差亮度值适中,能辨认出与地面分辨率相适应的细小地物影像,并为后续的影像拼接做准备。

（5）空中三角测量。空中三角测量又称为"空三加密",它利用无人机数据处理软件中的影像自动匹配技术功能,通过摄区具有高重叠度的航摄影像,加以少量的野外控制点选择,进行控制点加密各原始影像上的像点坐标文件和用于绝对定向的控制点。

（6）数字产品生产。利用已有的控制资料进行绝对定向,进行交互编辑,删除粗差大的像点。直至得到满意结果。利用密集匹配和空中三角测量加密结果自动生成 DEM,密集点云制作测区的 DOM、DLG、DRG 以及应急影像图等专题产品成果。

（7）产品质量的检查与提交。数字航片成果应该转换为统一格式,为归档资料或后处理的需要,将不同低空航摄系统获取的专用影响数据格式转换为通用格式（如 TIFF 等）。所有航片应保持与相机参数的一致性,以及航摄像机在飞行器上的安装方向需要标明,建立起相对应的关系。

3.应急影像处理

应急影像处理主要用于生产应急影像图等应急测绘产品,在水旱灾情发生时有着重要的作用,不同于无人机常规内业精细化的处理需要,无人机影像在应急影像中的绝对定位精度要求往往不是首要的,快速获取感兴趣区域的状况与正射影像图是该类产品的主要目的。现阶段,应急影像处理主要用于洪涝灾情发生时防灾减灾以及灾情评估。处理流程如图 2-6 所示。无人机应急影像处理方法与影像数据常规内业数据处理步骤大致相同,其主要是生产 DOM 和 DEM 产品,因要满足快速处理这一主要因素,而降低了精度要求,减少人工干预的同时,充分利用计算机自动化技术,从而实现产品的快速生产需求。

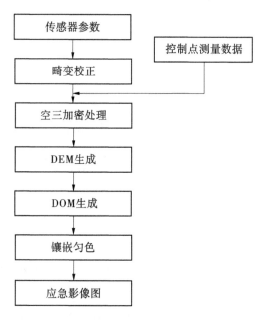

图 2-6　无人机应急影像处理流程

第 3 章　水灾监测与分析评估

　　我国水灾频繁,在洪水期间及时准确地提供受灾信息尤为必要。水灾监测与分析评估的目的是对水灾情况及其影响进行分析。水灾淹没范围和淹没水深的确定对于防洪抗涝、风险分析和灾情评估具有重要的意义。遥感技术对于洪涝淹没范围的确定是非常有效的,但对于淹没水深却是很难确定的。随着 3S 技术的兴起及发展,数字高程模型技术与多时相遥感技术被应用于淹没水深的估算。常规的水灾评估方法是利用上报的灾害统计数据对水灾进行评估,但是灾害统计上报数据在及时性和数据客观性方面有一定局限性。在 3S 技术的支持下,可实现在灾中或灾后较短时期内对水灾概况进行评估,这种方法不完全依赖于灾害统计数据,而是充分利用水灾的自然特征指标和社会经济指标,应用信息提取、空间分析和数学模型等方法。这种方法除掌握区域平均状况外,更要了解水灾影响和损失的空间分布情况。本章主要是对基于 3S 技术的洪涝淹没范围、淹没水深、江心洲风险性计算方法进行介绍。重点论述基于 3S 技术的水灾监测与分析评估方法以及在 2016 年安徽省长江流域水灾、2019 年宁国市水灾中的应用。

　　水灾监测与分析评估流程如图 3-1 所示。

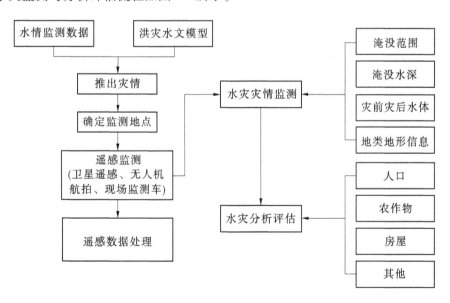

图 3-1　水灾监测与分析评估流程

3.1　基于3S技术的水灾监测

水灾淹没的范围与水深是水灾监测不可缺少的信息。水灾影响范围是指正常时期非水体区域,但水灾发生时直接过水、受淹的地区或与之密不可分的地区。淹没水深指受淹地区的积水深度。

3.1.1　水灾淹没范围估算

水灾影响范围包括直接影响范围和间接影响范围。直接影响范围指直接过水或受淹的地区,间接影响范围指与直接影响范围紧密相连不可分的地区。受淹范围是水灾监测和评估的重要内容之一,是评价灾害损失和实施灾情救助的重要依据。3S技术能够快速高效地监测水灾淹没的范围,为抗洪救灾决策提供信息。

利用3S技术监测水灾淹没范围,一般是采用遥感图像变化检测算法处理遥感影像(卫星、无人机),对比水灾前后变化,识别出水灾影响范围。遥感图像变化检测算法的适用性对水灾淹没范围的精度有重要影响。近年来,遥感图像变化检测已成为遥感应用领域的一个热点,相继形成、应用和发展了多种变化检测方法,而这些方法同样适用于水灾淹没范围的遥感提取。这些方法概括起来大致可分为分类后比较法和光谱直接比较法两大类。此外,也包括目视解译在内的其他一些方法。不过每一种变化检测方法都有其自身的优点和缺陷,并不适用于所有的情况。这里主要介绍光谱直接比较法和分类后比较法两类方法。

光谱直接比较法对变化比较敏感,可以避免图像分类过程中所导致的误差,但需要进行严格的辐射标准化,排除大气状况、太阳高度角、土壤湿度、物候等“噪声”因素对图像光谱的影响。由于目前各种干扰(尤其是物候)导致的辐射差异的校正方法仍不成熟,因而常常只能通过选择同一传感器、同一季相的数据来最大可能地减小“干扰噪声”。这种对数据和预处理的过高要求极大地限制了光谱直接比较法的广泛使用。同时,光谱直接比较法只注重变化像元的提取,而不能提供各时期水体及其他土地利用/覆盖类型的分布信息。与之相对照,分类后比较法对辐射纠正要求相对较低,适用于不同传感器、不同季相数据的比较,同时该方法不仅可以提供淹没区信息,而且还能够给出各时期的水体和其他土地利用/覆盖类型的分布信息。但由于不同时期图像分类结果误差的累积,最终对水灾淹没区信息的判别精度要低于光谱直接比较法。

3.1.1.1　光谱直接比较法

光谱直接比较法主要是对经过几何配准和辐射校正后的两个不同时相遥感图像,逐个像元进行比较,生成变化图像,进而提取水灾淹没区范围。目前,这类方法主要有图像代数法、波段融合法和变化向量分析法等多种方法。

1. 图像代数法

图像代数(algebra)法是一种较简单的变化区域及变化量识别方法,包括图像差值和图像比值运算。

图像差值,即将某一时相图像的像元值与另一时相图像对应的像元值相减。在新生成的图像中,图像值为正或负则是辐射值变化的区域,而没有变化的区域像元值为 0。

图像比值,即将某一时相图像的像元值与另一时相图像对应的像元值相除。新生成的比值图像的值域范围为 0~1,没有变化的区域图像值为 1。

为了从差值或比值图像上勾画出明显变化区域,需要设置一个阈值(threshold),将差值或比值图像转换为简单的变化/无变化图像,或者正变化/负变化图像,以反映变化的分布和大小。

2. 波段融合法

遥感图像融合是一个对多遥感器的图像数据和其他信息处理的过程。它着重于把那些在空间上或时间上冗余或互补的多源数据,按一定的规则(或算法)进行运算处理,获得比任何单一数据更精确、更丰富的信息,生成一幅具有新的空间、波谱、时间特征的合成图像。

图像融合的目的在于提高图像的空间分辨率、改善图像的几何精度、增强特征的显示能力等。就提高空间分辨率来说,图像融合最典型的应用是高分辨率全色图像与低分辨率多光谱图像数据的融合,既保留了多光谱图像的较高光谱分辨率,又保留了全色图像的高空间分辨率,便于详细显示图像信息,提高图像的空间分辨率和几何精度。

常用的融合方法比较多,主要分为色彩技术、算术运算和图像运算 3 类。

1)HIS 变换

HIS 变换是一种广泛运用的融合变换方法。它将 RGB 三元色表示为色相 H、色彩强度 I 和饱和度 S 3 个分量,然后将高分辨率影像与 I 分量作直方图匹配,再用匹配好的高分辨率影像替换 I 分量,最后反变换回 RGB 彩色空间,得到融合后的图像。

HIS 变换的优点是能把强度和颜色分开。H、S 对 I 相对而言对分辨率要求较低,这为在保持最多信息的条件下将不同分辨率的遥感影像进行数据融合提供了可能。

2)乘积运算法

乘积运算法是指对遥感影像进行加权运算,从振幅上对影像的结果进行突出处理,从而达到影像特征增强效果。

3)主成分变换

主成分变换是应用非常广泛的一类方法。它主要针对超过三波段的影像进行融合。前面的方法只能针对 3 个波段进行融合处理,而在处理超过 3 个波段时受到限制。该方法将图像按照特征向量在其特征空间上分解为多元空间,经过逆主分量变换可将噪声向量剔除掉,保证融合图像信息度良好。利用主成分变换就可以方便地将影像的结构信息通过第一主分量表达出来。

主成分变换在进行融合中有以下两种主要方法：

（1）将多光谱和高分辨率影像统一进行主分量变换，然后进行逆主分量变换。

（2）将多光谱的各波段先进行主成分变换，用高分辨率影像替换第一主分量，再进行逆主成分变换，得到融合影像。

两者的区别是高分辨率影像是否参与主成分变换。

在水灾淹没区监测上，殷悦等充分利用灾中合成孔径雷达影像和灾前的 TM 或 ETM + 、SPOT 等多光谱影像数据间的互补性，通过融合处理，把灾中合成孔径雷达影像和灾前 TM 影像所包含的有用信息进行快速融合，从而增强水灾信息识别与提取的有效性，以达到水灾淹没区快速识别及提取的目的。

3. 变化向量分析法

变化向量分析法是以变化向量强度和方向的方式描述了随时间发生的变化。假设时相 t_1、t_2 图像的像元灰度矢量分别为 $G = (g_1, g_2, \cdots, g_k)^T$ 和 $H = (h_1, h_2, \cdots, h_k)^T$，则变化向量为

$$\Delta G = H - G = \begin{bmatrix} g_1 - h_1 \\ g_2 - h_2 \\ \vdots \\ g_k - h_k \end{bmatrix} \tag{3-1}$$

ΔG 中包含了两幅图像中所有的变化信息，变化强度由 $||\Delta G||$ 决定

$$||\Delta G|| = \sqrt{(g_1 - h_1)^2 + (g_2 - h_2)^2 + \cdots + (g_k - h_k)^2} \tag{3-2}$$

按照变化强度 $||\Delta G||$ 的定义不难发现，$||\Delta G||$ 越大，两幅图像的差异越大，变化发生的可能性就越大。因此，可以根据 $||\Delta G||$ 的大小，通过设定变化阈值的方法来检测变化像元和未变化像元。当像元变化强度 $||\Delta G||$ 大于阈值时，即判定该像元发生了变化。变化类型可由 $||\Delta G||$ 的指向（方向）来确定。在多维向量空间中，向量的方向可以通过向量的一系列余弦函数定义，叫作方向余弦。

设 $X(x_1, x_2, \cdots, x_{n-1}, x_n)$ 为一个包含 n 个波段的变化向量，其模为

$$|X| = \sqrt{x_1^2 + x_2^2 + \cdots + x_{n-1}^2 + x_n^2} \tag{3-3}$$

其各波段与光谱轴之间的夹角依次为 $(\theta_1, \theta_2, \cdots, \theta_{n-1}, \theta_n)$，则该向量的方向可以通过方向余弦 $\cos\theta_1, \cos\theta_2, \cdots, \cos\theta_{n-1}, \cos\theta_n$ 表示。其计算方法为

$$\cos\theta_1 = \frac{x_1}{|X|}, \cos\theta_2 = \frac{x_2}{|X|}, \cdots, \cos\theta_{n-1} = \frac{x_{n-1}}{|X|}, \cos\theta_n = \frac{x_n}{|X|} \tag{3-4}$$

代表变化类型信息的变化向量方向，可以通过该向量和每个波段光谱轴之间的方向余弦来定义。根据这个定义，通过表示向量方向的多个方向余弦可以将变化向量的方向表示为多维方向余弦空间中的唯一点，所有变化像元都能在该多维空间中遥感影像预处理找到其对应点。这样，就可以根据时空上变化特征的等价性，将变化类型的判断变化向

量计算问题通过变化向量方向余弦的计算转化为方向余弦空间中点的分类问题,之后对方向余弦空间进行分类,得到变化像元的变化类型。淹没范围变化向量分析法流程见图 3-2。

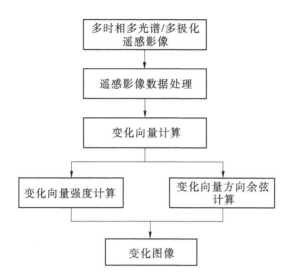

图 3-2　淹没范围变化向量分析法流程

　　变化向量分析法与其他光谱直接比较法相比,其最大的技术优势是可以同时利用更多的波段信息来检测变化像元,提供详尽的变化检测信息,因此受到人们越来越多的重视。不过在实际应用中该方法还存在诸多不成熟的地方,例如数据质量和数据预处理要求较高,变化检测阈值的确定没有一定的成熟方法、随着波段数的增加变化类型的判断难度增大等。当前,国内外诸多学者已利用变化向量法来开展变化检测相关研究,也取得了很多不错的成果。如陈晋等改进了变化向量分析法中的阈值确定方法,并将该方法成功应用到北京海淀地区的土地利用/覆盖变化检测中。Nackaerts 等提出了一种改进的变化向量分析法来对森林变化进行检测,通过与其他 3 种被广泛应用的变化检测方法(标准差值法、比值法以及可选主成分分析法)相比,该方法具有更好的优势。而 Warnert 则提出了超球面方向余弦变化向量分析法,将指示变化类型的变化向量方向用方向余弦表示出来,并通过拉斯维加斯的实例应用,表明该方法比传统的变化向量分析法具有更好的分类精度。

　　当前,在众多的遥感数量类型中,变化向量分析法还主要应用于 MSS、TM、ETM + 等多波段可见光数据上,而在 SAR 图像数据上的应用还相对较少。这主要是因为 MSS、TM、ETM + 等数据可以同时提供同一地区的多波段数据,为变化向量分析方法提供更多、更有效地可选择数据组合,再加上主成分分析、KT 变换等变换模型也已经较为成熟,其遥感应用机理也得到了很好的理解;而 SAR 数据中多极化、全极化数据产品化程度还不是很高,尤其是全极化数据,这样就不能满足变化向量分析法的数据要求,限制了该方法在雷达数据上的应用。近年来,随着 SIR – C、ENVISATASAR 等多极化数据的逐步产品化,变化向量分析法在多极化 SAR 数据变化检测中的应用潜力逐渐被发掘出来。例如,廖静娟等基于多时相、多极化的 ENVISAT ASAR 图像,利用变化向量法探测了鄱阳湖湿地地表淹没状况的动态变化情况,进而探讨了变化向量法在 SAR 图像变化检测中的应用潜力。

3.1.1.2　分类后比较法

分类后比较法主要是对经过几何配准的两个(或多个)不同时相遥感图像分别做分类处理后,获得两个(或多个)分类图像,并逐个像元进行比较,生成变化图像。根据变化检测矩阵确定各变化像元的变化类型。与光谱直接比较法相比,此方法的技术优势在于对图像的辐射纠正要求相对较低,适用于不同传感器、不同季相数据的比较,同时该方法不仅可以提供水灾淹没区的空间范围,而且还能够给出关于淹没区性质的信息,如土地利用/覆盖类型被淹没等信息。但该方法的缺点在于一方面必须进行两次图像分类;另一方面淹没区范围提取的精度依赖于图像分类的精度。图像分类的可靠性严重影响着水灾淹没区范围检测的准确性。

3.1.2　水灾淹没水深估算

淹没水深指受淹地区的积水深度。水灾淹没水深是度量水灾严重程度的一个重要指标,是评估水灾损失的一个重要因子。当前,洪水淹没水深计算通常以数字高程模型(DEM)为基础,利用 GIS 空间分析功能,通过与淹没范围叠加以获取淹没水深分布图,即水深由淹没区水面高程与地面高程共同决定。

3.1.2.1　数字高程模型(DEM)

数字高程模型(DEM)是一定范围内规则格网点的平面坐标(X,Y)及其高程(Z)的数据集,它主要是描述区域地貌形态的空间分布,是通过等高线或相似立体模型进行数据采集(包括采样和量测),然后进行数据内插而形成的。DEM 是对地貌形态的虚拟表示,可派生出等高线、坡度图等信息,也可与数字正射影像(DOM)或其他专题数据叠加,用于与地形相关的分析应用,同时它本身还是制作数字正射影像(DOM)的基础数据。

DEM 是用一组有序数值阵列形式表示地面高程的一种实体地面模型,是数字地形模型(DTM)的一个分支。一般认为,DTM 是描述包括高程在内的各种地貌因子,如坡度、坡向、坡度变化率等因子在内的线性和非线性组合的空间分布,其中 DEM 是零阶单纯的单项数字地貌模型,其他如坡度、坡向及坡度变化率等地貌特性可在 DEM 的基础上派生。DTM 的另外两个分支是各种非地貌特性的以矩阵形式表示的数字模型,包括自然地理要素以及与地面有关的社会经济及人文要素,如土壤类型、土地利用类型、岩层深度、地价、商业优势区等。实际上 DTM 是栅格数据模型的一种,它与图像的栅格表示形式的区别主要是:图像是用一个点代表整个像元的属性,而在 DTM 中,格网的点只表示点的属性,点与点之间的属性可以通过内插计算获得。

1.常见的 DEM 构建方法

与传统地形图比较,DEM 作为地形表面的一种数字表达形式有如下特点:

(1)容易以多种形式显示地形信息。地形数据经过计算机软件处理后,产生多种比例尺的地形图、纵横断面图和立体图。而常规地形图一经制作完成后,比例尺不容易改变,改变或者绘制其他形式的地形图,则需要人工处理。

(2)精度不会损失。常规地图随着时间的推移,图纸将会变形,失掉原有的精度。而 DEM 采用数字媒介,因而能保持精度不变。另外,由常规的地图用人工的方法制作其他种类的地图,精度会受到损失,而由 DEM 直接输出,精度可得到控制。

(3)容易实现自动化、实时化。常规地图要增加和修改都必须重复相同的工序,劳动强度大而且周期长,不利于地图的实时更新。而 DEM 由于是数字形式的,所以增加或改变地形信息只需将修改信息直接输入到计算机,经软件处理后可产生实时化的各种地形图。概括起来,数字高程模型具有以下显著的特点:便于存储、更新、传播和计算机自动处理;具有多比例尺特性,如 1 m 分辨率的 DEM,自动涵盖了更小分辨率如 10 m 和 100 m 的 DEM 内容,适合各种定量分析与三维建模。

DEM 数据包括平面位置和高程数据两种信息,可以直接在野外通过全站仪或者 GPS、激光测距仪等进行测量,也可以间接地从航空影像或者遥感图像以及既有地形图上得到。具体采用何种数据源和相应的生产工艺,一方面取决于这些源数据的可获得性,另一方面也取决于 DEM 的分辨率、精度要求、数据量大小和技术条件等。

建立 DEM 的方法从数据源及采集方式上讲有以下几种:

(1)直接从地面测量,例如用 GPS、全站仪、野外测量等。

(2)根据航空或航天影像,通过摄影测量途径获取,如立体坐标仪观测及空三加密法、解析测图、数字摄影测量等。

(3)从现有地形图上采集,如格网读点法、数字化仪手扶跟踪及扫描仪半自动采集,然后通过内插生成 DEM 等。

DEM 的采集方法及各自特性比较一览表见表 3-1。

DEM 内插方法很多,主要有分块内插、部分内插和单点移面内插三种。目前常用的算法是通过等高线和高程点建立不规则的三角网 (triangular irregular network, TIN)。然后在 TIN 基础上通过线性和双线性内插建 DEM。由于 DEM 描述的是地面高程信息,它在测绘、水文、气象、地貌、地质、土壤、工程建设、通信、气象、军事等国民经济和国防建设以及人文和自然科学领域有着广泛的应用。如在工程建设上,可用于如土方量计算、通视分析等;在防洪减灾方面,DEM 是进行水文分析如汇水区分析、水系网络分析、降雨分析、蓄洪计算、淹没分析等的基础;在无线通信上,可用于蜂窝电话的基站分析等。

表 3-1　DEM 的采集方法及各自特性比较一览

获取方式	精度	速度	成本	更新程度	应用范围
地面测量	非常高(cm)	耗时	很高	很困难	小范围区域特别的工程项目
摄影测量	比较高(cm~m)	比较快	比较高	周期性	大的工程项目,国家范围内的数据收集
立体遥感	低	很快	低	很容易	国家范围乃至全球范围的数据收集
GPS	比较高	很快	比较高	容易	小范围,特别的项目
地形图跟踪数字化	比较低(图上精度0.2~0.4 mm)	比较耗时	低	周期性	国家范围内以及军事上的数据采集,中小比例尺地形图的数据获取
地形图屏幕数字化	比较低(图上精度0.1~0.3 mm)	非常快	比较低	周期性	国家范围内以及军事上的数据采集,中小比例尺地形图的数据获取
激光扫描、干涉雷达	非常高(cm)	很快	非常高	容易	高分辨率、各种范围

2. 基于卫星遥感数据的 DEM 构建

基于卫星遥感数据的数字高程模型(DEM)构建,即基于水边线的 DEM 构建方法,主要是将卫星成像时刻水平面视为测量高度计,卫星成像时刻的水边线(遥感影像中水陆边界)反映了卫星成像时刻水陆的瞬时状态。如图 3-3 所示,假定水陆交接线为一条等高线(其高程值由邻近水文站的水位资料确定),结合多时相遥感影像,从而得到在时相上连续反映不同水位的等高程水边线,在此基础上建立水陆交界区域的高程模型。内陆河流湖泊水库的水位具有周期性、大范围变化的特点,故多时相、多源遥感影像数据应可用于内陆水体地形反演。

基于卫星遥感数据构建 DEM 的主要步骤如下。

1)卫星数据下载

查询并下载无云或少云卫星数据,主要包括:高分一号 GF - 1 WFV 卫星数据、高分六号 GF - 6 WFV 卫星数据、环境减灾卫星 HJ1A 数据、环境减灾卫星 HJ1B 数据、Landsat ETM + 数据、Landsat OLI 数据、哨兵二号 Sentinel - 2 数据等。

2)卫星数据处理

针对卫星数据种类的不同,采用不同的处理方法(详见第 2 章),一般包括:辐射校正、正射校正、坐标系转换、几何精校正(几何配准)、影像重采样(确保不同类型卫星为同一分辨率)、水体信息提取等。

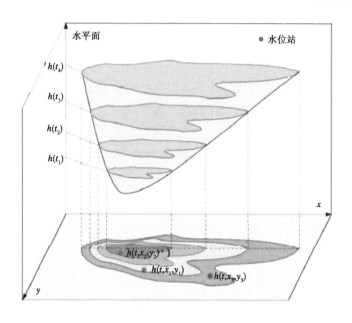

图 3-3　基于卫星遥感数据的 DEM 构建方法原理

3）水边线提取

由于在湖区周围存在草滩、湿地、人工水利设施等，水体信息提取结果可能存在一定距离的偏移或误差。为了提高水边线提取的精度，在初步水体信息提取结果的基础上，获取初始水边边缘信息，在此基础上建立缓冲区，研究采用边缘提取和迭代最大类间方差（OTSU）影像分割相结合的方法，并辅以人工目视解译，精化水边线提取结果（纠正错误的水边线、补全丢失的水边线、连接断裂的水边线等），保证各水边线的可靠性、准确性。所提取各水边线平均误差不超过 1 个像元。

4）水位线离散和高程赋值

考虑到在洪水泛滥时洪水与河流水体连为一体，但水面并非水平平面，而是倾斜平面或复杂曲面，即遥感影像成像时刻研究区（河流、湖泊、水库）水面并非平面，研究将每幅影像提取的水边线转化为离散点（点间隔与遥感影像空间分辨率相同）；收集研究区范围内的多个水文观测站逐日卫星成像时刻水位数据，并采用双线性空间内插（水位内插采用与卫星数据相同范围、相同分辨率）绘制出卫星成像时刻整个研究区水位分布，从而为每个水边线离散点赋相应位置水位高程值。

5）水边线交叉点处理

合并所有提取多时相影像中的水边线离散点信息，用于构建研究区数字高程模型。因成像时段内研究区小范围地形变化、气候等情况动态改变，几何纠正和水边线提取过程中引入的误差等影响，从多时相影像中提取的水边线存在相互交叉现象，且水边线数量越多，出现交叉的情形越多，为避免由水边线相互交叉对研究区数字高程模型的精度造成影响，研究采用一种中值滤波思想对交叉点进行处理，即取相同位置所有交叉点高程的中值为该位置水边线离散点高程。

6) 数字高程模型构建

采用克里金插值方法对滤波后的离散点融合数据集进行空间内插,构建研究区数字高程模型。需要说明的是,所构建的数字高程模型的高度范围受其所选用遥感影像的最高水位与最低水位观测高程值的限制,即数字高程模型范围为最高水位与最低水位对应影响水边线之间的数字高程模型。

实际应用,例如计算淹没水深,需要结合历史数字高程模型,如美国地质调查局(U. S. Geological Survey,USGS)提供全球 30 m 数字高程模型,也可以利用哨兵 1 号 IW 数据进行 InSAR 处理生成的研究区 DEM,以弥补最高水位与最低水位对应影响水边线以外的 DEM 空缺。

3.1.2.2　淹没水深计算

淹没水深的计算总体思路是水面高程减去相应地面高程(数字高程模型 DEM)。应用中假定淹没边界单元上的高程是相等的,由 DEM 生成任意多边形网格模型,该模型保证了网格单元上的高程是均等的,认为淹没边界线所在的单元水深为零,淹没边界线以内的单元水深即为边界单元高程值减去所在单元的高程值。前文已经介绍了数字高程模型的获取方式。下面主要说明如何获取水面高程。

从理论上分析,洪水水面为一个复杂的曲面,尤其对较大洪水波而言。为了便于分析,一般要对水面进行近似和简化,例如对于湖泊、水库、蓄滞洪区或局部低洼地等,水面可以近似简化为水平平面。确定水面高程有多种方法,常用的主要有通过地面水文观测站网、卫星激光测高仪和应用水陆边界线上的地面高程值估计等。第一种方法有比较稳定的数据来源,具有较高的精确性和可靠性,但水文观测站点的数量是有限的,构成水面高程表面具有一定的困难。第二种方法卫星激光测高仪可直接测量水面高程。2019 年11 月,中国首颗民用亚米级光学传输型立体测绘卫星"高分七号"发射成功,12 月返回首批绘制立体图像数据。受限卫星轨道精度和数据来源的限制,目前应用比较少。

本章采用水陆边界与数字地面高程模型相结合的方法。以多源多时相遥感影像和瞬时水位生成等水位线,结合基于其他历史数字高程模型(如 30 m USGS DEM,哨兵 1 号IW 数据 InSAR 处理生成的相对 DEM、实测地形),构建数字高程模型为基础,根据水灾实测水位数据和瞬时水陆边界,从而得到淹没水深分布:

$$D = E_w - E_g$$

式中,D 为水深;E_w 为水面高程;E_g 为地面高程。

此方法获取淹没水深的精确程度受水陆边界线位置的精度、DEM 的精度以及水陆边界线所处的阻水地物的坡度等因素影响。

3.2　水灾灾情分析评估

3.2.1　水灾灾情分析指标

3.2.1.1　人口

1.受灾人口

评估因财产(如房屋或农作物)受到损害,进而使生产、生活受到一定程度损失和影响的人口。受灾人口的统计可以根据地方民政等部门统计上报资料或者根据农作物受灾面积或房屋受损情况估算,某一区域的受灾人口通过农作物受灾面积与当地人均耕地面积比值得到。

2.伤亡人口

评估因灾死亡和受伤的人口。由于死亡人口受洪水突发性特征、洪水预报精度、救灾措施和社会环境影响很大,所以估计死亡和受伤人口比较困难,一般以地方上报数字为准。

3.影响人口

评估洪水直接影响范围内和间接影响范围内的人口,可以用淹没区人口估计。城镇人口分布集中,资料相对容易获得,应尽量根据实际人口资料估计;针对农村人口的特点可采用以下4种计算方法:

(1)假定人口均匀分布,首先确定受淹区占区域的总面积的百分比,假定此百分比就是某一区域的受洪灾影响的人口占区域总人口的比例。

(2)假设人均占有耕地面积相同,将受淹的耕地面积占总耕地面积的比例作为某一区域的受洪灾影响的人口占区域总人口的比例。

(3)假设任一行政单元内人均占有居民地面积相同,根据受淹居民地面积占总居民地面积的份额估算受灾影响人口。

(4)将构造人口空间分配模型与洪水淹没范围图复合,计算受影响人口。

3.2.1.2　房屋

房屋是一类非常重要的地理空间信息,在人类的生产与生活中发挥着重要的作用。在水灾中,房屋用于评估洪水淹没、冲垮和破坏的各种房屋建筑。房屋是人类最基本的生存条件之一,同时起着保护室内财产的作用,是洪灾评估中的重要指标。房屋指标可细分为受淹、损坏和倒塌房屋。对受淹房屋指标的获取等同于估计淹没区内房屋数量,而损坏和倒塌指标需要结合各类房屋的易损性资料才能获得。

受淹房屋数量的估计一般通过地方直接上报统计资料或者通过地形图、土地利用图或遥感图像解译获得居民地,根据受淹居民地面积和当地居民地房屋数量规律推算受淹房屋。

损坏和倒塌房屋是受淹房屋中结构或装修受到破坏的那部分房屋,估算时须结合洪水特征和房屋易损性特征进行。

安徽省宣城市水阳江幸福圩航拍洪水灾区(2016 年 7 月 10 日)见图3-4。

图3-4　洪水灾区(一)(2016 年 7 月 10 日)

安徽省肥东南淝河,航拍受超强厄尔尼诺现象影响后的洪水灾区(2016 年 7 月 13 日)见图3-5。

遥感解译获取受淹房屋面积可以分为两步:首先利用图像处理的方式获取房屋斑块,然后对房屋斑块进行矢量化。

从不同角度出发,可以对遥感数据中房屋提取方法进行分类:从是否需要人工参与提取房屋的角度,可分为自动提取和半自动提取两类;从提取所使用的数据源来分,可分为基于高分辨率影像的房屋轮廓提取、基于 LiDAR 点云的房屋轮廓提取、基于高分辨率影像与 LiDAR 点云结合的房屋轮廓提取和基于其他数据源(如 SAR、GIS、DEM、航空立体相对等)的房屋轮廓提取;按照图像分割模型,可分为基于边缘的分割、基于区域的分割和结合边缘和区域的分割。综合目前关于利用高分辨率航空相片或卫星影像提取房屋外形的方法,总体上大致可归纳为 7 类:

(1)基于图像分割技术的方法。

基于图像分割技术的方法是房屋提取的重要手段,利用现有的图像分割方法将影像分割成一个个同质区域,在此基础上再结合其他信息或方法提取房屋斑块。

图 3-5　洪水灾区(二)(2016 年 7 月 13 日)

(2)基于直线边缘检测的分割。

基于直线边缘检测的分割方法通过边缘检测方法得到一系列边缘点后,通过 Hough 变换或 Radon 变换等方法获取直线段,再通过连接、感知分组或基于图的方法获得房屋边缘。

(3)基于角点检测与匹配的分割。

基于角点检测与匹配的分割方法根据影像上房屋具有的较为明显的角点特征进行的检测与匹配。

(4)基于活动轮廓的房屋提取。

基于活动轮廓的分割方法利用 Snake 或水平集等方法,通过给定的初始轮廓线,在全图范围内进行演化,进而获取房屋轮廓。

(5)基于 GraphCut 的房屋提取。

基于 GraphCut 的分割方法一般通过某种分割方法获取分割对象,然后以该对象为节点构建图,实现对能量函数的解算,或是直接对像素进行分割。

(6)基于阴影的房屋提取。

基于阴影的房屋提取可以分为两种情况:①在房屋提取之前,将阴影作为先验信息用于房屋提取;②在初步的房屋检测之后,阴影常常用于房屋假设验证和高度评估。

(7)多种方法结合的房屋轮廓提取。

在现实环境中,基于高分辨率影像地物的细节信息相当丰富这一特性,往往凭借单一的方法很难从复杂背景中提取出目标地物,因此现在较为常用的是多种方法结合提取房屋。如阴影与 GraphCut 结合使用提取房屋轮廓、分割与阴影结合的方法、阴影与直线检测结合的方法、直线检测与 GraphCut 结合的方法、区域分割与 GraphCut 结合的方法,角点检测与水平集结合的方法等。

目前,房屋矢量化提取方法可以大致分为基于细化的方法、基于角点检测的方法、基于直线边缘检测的方法。

（1）基于细化的方法较为费时，不能直接提取图形的线宽等信息。

（2）基于角点检测的方法有两个处理方向：一是角点（拐角点）来自于房屋边缘线，按照角点之间的几何关系（角度、距离等）进行后续的处理，这类方法直接对基础数据（房屋提取结果）进行处理，没有充分利用影像特征，且对基础数据的质量有较高的要求。角点来自影像，结合匹配方法获取最终结果；其缺点在于房屋的整体几何约束信息及直线边缘没有充分利用，因某些角点被遮蔽或模糊等引起的角点匹配和提取错误可能导致整个提取的失败。

（3）基于直线边缘检测的方法则在利用边缘检测算法得到边缘点后，结合直线检测方法（Hough 变换、Radon 变换等）获取直线边缘，再通过连接及其他手段得到房屋轮廓；但该方法易受噪声、阴影和墙面等因素的干扰，从而导致提取的边缘轮廓不准确。

鉴于此，本节提出了一种先对基于多类分割与模板匹配的房屋轮廓信息矢量化方法（见图 3-6、图 3-7），引入多类分割思想，将边缘线分段问题转换为能量函数的最小化问题，提出了基于 α – 扩展算法的边缘线分类方法。既考虑了每一个边缘点的方向信息，也利用了相邻边缘点趋于同一类的这一先验知识，可以实现近似全局最优的分类结果，同时此方法避免了选择初始点和处理顺序的麻烦和不利影响。借助模板匹配理论，充分利用影像特征，对于边缘线段进行精确定位，以减弱房屋提取结果误差的影响。

3.2.1.3　农作物

评估因洪水长时间淹没或冲毁农田，而造成农作物减产、绝收的面积或产量损失。农作物洪灾损失与洪灾发生的季节、淹没水深、历时和作物种类等因素有关。一般采用淹没损失曲线方法，通过确定绝产临界指标和减产影响函数，划分农作物受损等级（见表 3-2），临界指标随农作物种类和生育期的不同而不同。D_i 和 T_i 分别代表临界水深和临界历时，s 为农作物所处的生育期。可以通过农作物损失统计表格，评估损失产量或面积，或者制作农作物损失状况空间分布图。

3.2.1.4　其他

评估淹没区范围内的土地利用状况。土地利用反映了人类活动的空间格局，确定了财产的空间分布状况，获取淹没区范围内的土地利用可以从总体上把握洪涝灾害的受灾状况。通过遥感影像的土地利用分类结果或数字化土地利用图所获取的土地利用信息与洪水淹没范围图进行叠加分析计算。土地利用类型评估结果可通过 3 种方式表达。通过淹没区域（在土地利用图上标注）、受淹的土地利用图斑或者各地区各地类的受淹面积表格统计结果来表达。

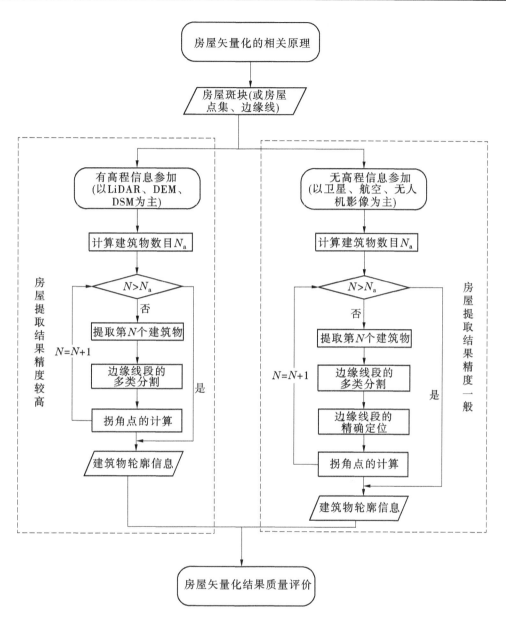

图 3-6　房屋矢量技术流程

表 3-2　农作物受损等级

水深	历时	受损等级
$D_1(\text{s})$	$T_1(\text{s})$	1
$D_2(\text{s})$	$T_2(\text{s})$	2
$D_3(\text{s})$	$T_3(\text{s})$	3
$D_4(\text{s})$	$T_4(\text{s})$	4

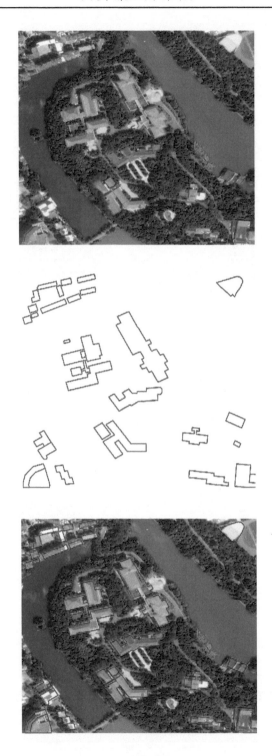

图 3-7 　房屋矢量化示例

3.2.2　基于统计方法的灾情分析

基于灾害统计的方法是通过对灾情统计上报数据进行分析,对灾害发生的强度、频度、灾害等级(灾度)进行评估,在空间上多以集总方式进行分析,即将一个场次灾害或一个区域(如行政区)作为一个整体来进行分析。从内容上,主要包括对于一个场次或一个年度的灾害等级的评估,以及基于历史洪水灾害资料对洪灾发生的活动强度与活动频次的评估两大类。

3.2.2.1　区域灾害等级评估

对于区域性某次灾害的灾害等级或灾度评估,已经有了比较多的研究成果,如马宗晋等(1990)采用死亡人数和直接经济损失两项指标划分为 5 级灾度。赵阿兴等(1993)除采用绝对指标外,还采用了灾损率等相对指标来划分灾级或灾度。刘燕华(1995)提出受灾人口、受灾面积、成灾面积、直接经济损失 5 个绝对指标和受灾人口占总人口的百分比、受灾面积占总播种面积百分比以及直接经济损失与平均工农业生产总值的比值 3 个相对指标用于水旱灾害的等级划分。任鲁川(1996)和赵黎明(1997)分别采用了模糊数学方法灾害等级(灾度)评估,魏一鸣等(1997)提出了应用人工神经网络技术的灾情综合评估模型。

3.2.2.2　历史洪灾评估

基于历史洪水灾害资料进行统计分析和评价,以计算洪灾发生的活动强度与活动频次。多数研究针对历史发生洪灾的等级和频次进行评估,如郭涛等(1994)分析了中国历史供灾的时空特征、时序特征和周期性等。朱晓华(1999)对 1840~1992 年七大江河各等级洪灾的发生特征进行研究,并且探讨中国洪灾受灾县数的分形特征。方伟华(1999)用区域化交域量理论分析了长江流域 1736~1911 年洪涝灾害的空间格局。马建明(1997)在对成都平原岷江流域水灾风险研究中将传统的等级和频次的统计分析上升到了频率分析高度。历史灾害统计分析法主要受到两点困扰:一是由于历史灾害数据时间序列虽然很长,但能够定量的数据不多,常常不能满足统计分析的需求;二是洪水的社会经济指标受社会经济发展影响,间隔时间较长的数据失去了可比性。使用相对指标如灾损率和折现的方法,可部分消除这方面的影响。

3.2.3　基于 3S 技术的灾情分析方法

基于 3S 技术的洪灾灾情评估,在此也称其为洪灾影响与损失评估,是运用遥感和GIS 等技术方法获取洪水灾害中致灾因子、成灾体等监测指标,同时结合其他数据资料,结合空间分析与计算,以获取具有灾情统计和灾害管理意义的灾情评估指标。灾情评估通过对洪水灾害各个侧面的了解,对洪灾影响与损失进行多层次评估。同时,通过这种方法获得的灾情评估指标也可以作为灾情综合评估的重要输入因子。

3.2.3.1　洪涝灾情成灾因子分析

洪灾影响与损失评估所应用的指标包括 3 个方面的内容:致灾因子、受灾体和受灾体脆弱性特征。致灾因子反映了形成洪水灾害性影响的动力特征。受灾体反映了承受洪水灾害的对象类型、数量、密度、价值和空间分布状况。受灾体的脆弱性特征反映了受灾体在一定致灾强度下可能遭受的损失程度,表现了受灾体对洪水灾害的承受力和抵御能力。

1. 致灾因子

致灾因子着重需要考虑淹没面积、淹没水深和受淹历时等。其中以采用淹没水深指标最为常见。水深越深,产生危害的可能性越大,见表 3-3。

表 3-3　采用淹没水深来划分受淹程度等级

水深范围	$<H(0)$	$H(0)-H(1)$	…	$>H(n)$
受淹程度	0	1	…	N

一般来讲,水深是洪水量级大小和区域的下垫面特征(主要是地形的函数):

$$H = H(M,G) \tag{3-5}$$

式中,H 为水深;M 为洪水量级;G 为地面地形状况。

对于同样量级的洪水,淹没程度主要取决于下垫面特征。但是地面绝对高程并不能直接表达下垫面地形特征,因为可能被淹没的最低高程在空间分布上并不是一致的。采用相对高程指标可以表达地形与可能淹没程度的关系,见式(3-6)。

$$G = G' - G_0 \tag{3-6}$$

式中,G 为空间上某一位置的相对高程指标;G' 为该位置上的绝对高程;G_0 为某一区域的标准高程。

G_0 与一定重现期的洪水位以及地面状况有关,在一定范围是基本一致的,但在较大范围内会有很大的差别,在实际操作中,一般采用该地的某一重现期(如 100 年一遇)的设计水位、警戒水位或地面平均高程来近似代替 G_0。指标 G 主要反映了某地势相对低洼程度。在不考虑洪水量级的情况下,也可以直接对地形指标进行可能受淹程度分级,见表 3-4。

表 3-4　采用相对地面高程来划分受淹程度等级

相对地面高程	$<G(0)$	$G(0)\sim G(1)$	…	$>G(n)$
受淹程度	0	1	…	N

如果考虑洪水量级的变化,则需要加入洪水量级影响指标,洪水量级的区域性指标一

般用洪水重现期表达,洪水位、洪水流量与重现期具有一定的概率统计关系。根据洪水观测资料,可以对洪水频率曲线进行拟合估计。随变量的不同,又可分为水位频率曲线和流量频率曲线,一般流量频率曲线相对比较稳定,实际应用也比较多。而影响水位变化的因素较多,如河床淤高、滩地的围垦、侵占行洪通道等都会使水位频率曲线在较短时间内发生较大变化。但水位信息对洪水灾害管理具有十分重要的意义,除直接拟合水位频率曲线外,还可以通过流量—水位曲线根据流量间接获得水位信息。

对应于一定重现期的洪水位与所处河段上的相对位置有关,获取某一重现期水位需要必要的水力学计算。对于河流来讲,一般采用沿河道累加距离与洪水位对应的水面线来表达。

2. 受灾体

致灾力指标反映洪水可能产生危害的大小及其空间分布,而实际构成危害的程度还与承受洪水灾害的主体有关。承受洪水灾害的主体主要指人类的社会经济活动,其空间分布范围、密度及对洪水灾害危害的脆弱性特征,与洪水灾害的致灾因子指标共同决定了其在洪水灾害中的损失程度。

在致灾强度一致的情况下,受损程度由受灾体的空间分布范围、密度及脆弱性特征决定,见式(3-7)。

$$D = F(b, V) \tag{3-7}$$

式中,D 为受灾体受损程度;b 为受灾体空间分布密度;V 为受灾体脆弱性规律。

分布密度有数量密度和经济密度两种表达形式。数量密度指在单位面积中受灾体的数量,如每平方千米面积中的房屋间数,而经济密度则用货币指标来表达,如每平方千米面积中的资产价值等。

3. 受灾体脆弱性特征

进一步对受灾体受损状况进行评估,需要了解在一定致灾强度下受灾体的受损状况,即受灾体的洪灾脆弱性特征。受灾体的洪灾脆弱性是致灾强度和受灾体类别的函数,见式(3-8)。

$$V = U(H, S) \tag{3-8}$$

式中,V 为受灾体受损状况,一般用损失率来表示,即损失值占受灾体总体的百分数;H 为致灾强度,实际操作中经常采用淹没水深指标;S 为受灾体的类别,受灾体类别不同,在同样致灾强度下的损失率一般也不同。

函数 V 是致灾力指标和受灾体指标之间联系的纽带,是构成洪水灾害损失评估的重要因素。一般认为,脆弱性指标一定区域范围内不是空间位置的函数,也就是说,当 H 和 G 相同时,V 在空间上应当是一致的。但脆弱性规律在较大区域之间仍然会有一定的差异,见表3-5。

表 3-5　　部分地区农村房屋及家庭财产损失率　　　　　　　（%）

项目	<0.5	1.0	1.5	2.0	2.5	3.0	>3.0	调差资料来源
农村房屋	0	30	52	68	80	87	90	黑龙江松花江及绥化地区
	0	33	38	42	49	55	70	辽宁省辽河、浑河、太子河
	0	20	40	60				天津市北运河、潮白河分洪区
	0	60	80		90		100	安徽省淮河淮北地区
家庭动产	0	24	27	31	34	38	49	辽宁省辽河、浑河、太子河
	0	5	10	16				黑龙江省绥化地区
	0	5	10	20				天津市北运河、潮白河分洪区
	2	10		25				河北省沱河下游地区

产生差异的主要原因如下：

（1）各区域同级别受灾体并不是完全一样的实体。例如，各地的房屋结构不同，耐淹能力不同，受洪灾影响的程度也不相同。

（2）同样淹没程度（水深）的洪水在各地区表现的洪水其他属性（如历时）可能不同。

（3）不同地区采集的资料口径不统一也会造成一定差别。

因此，对于一个具体地区，洪水灾害损失评估应结合当地具体情况进行，应慎重借鉴其他地区的洪灾脆弱性规律资料。

3.2.3.2　洪灾影响与灾情评估方法

根据实际情况，可以选择进行 3 个层次的洪灾影响与损失评估，即简单影响评估、受灾程度评估和经济损失评估。

简单影响评估主要估计淹没范围内的人口、房屋和财产等受灾体的数量及空间分布状况。受灾程度评估则计算不同损失程度受灾体的数量及空间分布状况。而经济损失评估则以货币形式来表达损失值的大小。不同评估层次的选择主要依赖于资料状况和评估时间要求。

1. 简单影响评估

一次洪水灾害涉及一定的空间范围（一般用淹没范围表达），简单影响评估就是要获取这一范围内的受灾体的数量与空间分布，受灾体空间的分布密度经常是不均一的，该范围内的受灾体数量可以根据式（3-9）确定。

$$B_{\text{effect}} = \iint_{(x,y) \in FA} b(x,y) \, \mathrm{d}x\mathrm{d}y \tag{3-9}$$

式中，B_{effect} 为受洪灾影响的受灾体数量；$b(x,y)$ 为受灾体密度；FA 为洪灾影响范围。

B_{effect} 表达了暴露在洪灾影响范围内人口、房屋及财产等的数量及空间分布状况。

简单影响评估的关键是根据确定淹没范围和受灾体密度分布,其中淹没范围在第3.1节进行比较详细的讨论。受灾体密度分布往往需要通过间接方式获得,如采用区域统计资料以及其他辅助信息估计。总体估计精度由洪水影响范围和受灾体密度共同决定,但受灾体密度的精度往往是主要问题。

2. 受灾程度评估

结合洪灾致灾力指标和洪灾脆弱性规律进一步评估不同受灾体在洪灾中的受损程度,然后对不同受损程度受灾体的数量进行统计,见式(3-6)。

$$B_{\text{damage}} = \iint\limits_{\substack{(x,y)\in FA \\ H(x,y)\in H'}} b(x,y)\,\mathrm{d}x\mathrm{d}y \tag{3-10}$$

式中, B_{damage} 为某一受损程度受灾体的数量; $H(x,y)$ 为位置 (x,y) 处的致灾力强度(如水深); H' 为形成该受损程度的致灾力指标范围集合;其他符号含义同前。

根据不同受灾体类型确定形成不同受损程度的致灾力指标范围,是受灾程度评估的关键,如对于不同结构的房屋划分不同水深或历时临界值,确定倒塌房屋、严重损坏房屋和一般损坏房屋等。

3. 经济损失评估

洪灾经济损失由洪灾致灾力强度、受灾体密度、价值以及受灾体脆弱性特征综合决定,计算公式如下:

$$B_{\text{loss}} = \sum_i \sum_j B_{ij} P_{Bi} V(i,j) \tag{3-11}$$

式中, B_{loss} 为受灾体在洪灾中受损所引起的价值损失; i 为受灾体类别; j 为致灾力(如水深)级别; B_{ij} 为评估单元内在第 j 级水深的第 i 类受灾体的数量; P_{Bi} 单位数量第 i 类受灾体价值(货币形式表达); $V(i,j)$ 为第 i 类受灾体在第 j 级水深下的损失率。

经济损失的评估结果最终以货币形式表达洪灾损失状况。

综上所述,不同层次的洪灾影响与损失评估不同程度地应用了洪灾致灾力指标、受灾体指标和受灾体对洪灾的脆弱性特征。与以往的研究不同,这里不仅需要估计影响和损失的绝对数量,还要求解其空间分布问题。所以,要求各类输入信息是空间分布的,或者可以转化为空间信息,见图3-8。对于多种非空间信息需要寻求其空间化方式,以便于进一步评估。

3.2.3.3　洪灾影响与灾情评估的技术流程

洪灾影响与灾情评估在对洪灾致灾因子评估的基础上,获取具有空间分布特征的受灾体信息。由于多数情况下无法取得评估区域完整的财产清单,并且区域社会经济数据缺乏空间特征信息,需要采用多种方法恢复或者重建其空间差异特征,因此获取具有空间分布特征的受灾体信息是洪灾影响与灾情评估的关键。运用居民地方法和外部变量方法对人口统计指标进行空间化求解,将人口统计数据分散到空间上去。利用人口空间分布

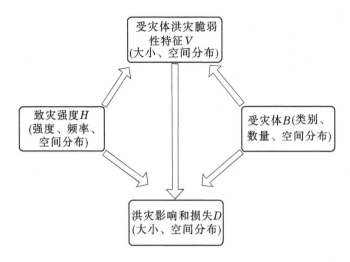

图 3-8 洪水灾害影响和损失评估

结果进一步推求房屋和财产的数量及空间分布,这一过程挖掘了社会经济统计数据的利用潜力。结合洪灾致灾因子特征信息（范围、水深、历时等）,根据不同评估目的和用户需求,在 3 个层次上进行评估,即简单影响评估,受灾程度评估和经济损失评估,见图 3-9。

3.2.4 江心洲水灾风险性分析方法

长江中下游河道发育一定数量的沙洲、江心洲、心滩、浅滩等河道成型淤积体,这些淤积体对长江河道稳定、防汛排涝有重要的影响。江心洲是由江河中河漫滩和河床相沉积,心滩不断增大淤高形成,分为原生江心洲、滩动式江心洲和堆积式江心洲。堆积式江心洲大量存在于长江河床中,规模较大的江心洲一般有固定的村庄、乡镇,例如长江安徽段的凤凰洲、长沙洲。近年来,部分长江流段为了维持航运条件、保障江心洲人民的生命财产安全,进行了边堤加固、河道整治。但是迅速演化的江心洲不断地后退下移、冲刷大堤、阻塞长江河道等,已经对其周边和长江两岸人民的生产生活构成严重的威胁。为快速预警江心洲实时洪灾情况以及为灾后重建提供科学依据,需对江心洲动态变化和洪灾预警方式进行研究,并对洪灾导致的淹没范围进行评估。遥感技术具有快速、大范围和动态监测等特点,能够获取研究区域的不同成像时刻的数据,是对江心洲动态变化进行连续监测的有效手段。目前,已经有一些学者利用不同的遥感数据和技术进行长江岸线和江心洲动态变化的研究。程久苗等利用遥感技术研究了长江岸线资源、岸线崩塌等情况;齐跃明等研究了长江安徽段的河流地貌;高超研究了长江下移马芜铜段的江心洲演变情况;杨则东等分析了长江安庆段河道演变及岸坡崩塌特征;宋志瑞等利用多时段的航卫片和TM/ETM + 图像研究了江西长江河道的演变。目前,定量研究江心洲的面积与水位之间的关系及其受洪涝灾害的影响等研究则较为少见。为快速掌握江心洲实时洪灾情况以及为灾后重建提供基础数据,准确并及时地确定江心洲的空间范围是必要的。因此,本节以

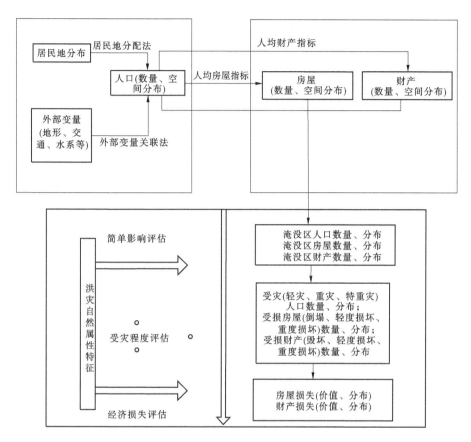

图 3-9　洪灾影响与灾情评估的技术流程

长江安徽段凤凰洲和长沙洲为例,利用遥感时间序列监测江心洲连续动态变化,着重分析了江心洲陆地面积与其上下游水位之间的关系,讨论不同水文站的水位数据对模型拟合效果的影响。最后,根据江心洲的淹没频率绘制了江心洲的危险性空间分布图,为汛期洪水预警以及灾后重建提供决策依据。

本小节的技术路线为:首先进行正射校正、影像融合、地理配准等遥感数据预处理;然后利用归一化水体指数 NDWI(normalized difference water index,NDWI)方法获取水体信息和江心洲陆地信息;以人工圈定的多边形对研究区的制图结果进行裁剪;绘制各成像时间的江心洲的陆地范围和洪涝灾害淹没风险性指数空间格局,得到江心洲动态变化;分析江心洲陆地面积与水位之间的关系;以高分辨率制图结果作为参考数据,评估数据制图结果的精度。详细的步骤详述如下:

利用对卫星数据进行无控制点的 RPC 正射校正,以消除地形的影响或由相机方位引起的变形等。对高分辨率数据进行正射校正之后的结果,通过实施 GS(gram-schmidt pan-sharping,GS)变换,融合全色波段(0.8 m 分辨率)和多光谱波段(4 m 分辨率)得到高空间信息(1 m 分辨率)的多光谱影像。不同时期获取的遥感数据存在一定的 X 坐标方向和 Y 坐标方向的偏移,因此以 2016 年 7 月 28 日采集的影像为基准对其他遥感数据进行地理配准,所有数据均被处理为 Geotiff 格式,并投影至 WGS_1984_UTM_zone_50N 坐标。

对于高分一号和高分二号数据,均使用 B2 波段(中心波长 0.56 μm)和 B4 波段(中心波长 0.797 μm)构建归一化水体指数(NDWI),以增强水体信息和抑制非水体信息。NDWI 按照如下公式计算:

$$NDWI = \frac{(Green - Nir)}{(Green + Nir)} \tag{3-12}$$

式中,Green 和 Nir 分别代表绿光波段和近红外波段。

此外,构建了江心洲风险性指数(risk index,RI),用于描述江心洲随着水位的变化所面临的风险。该指数通过江心洲 2016 年全年遭遇江水淹没的次数与总有效观察次数的比值计算而来,RI 计算公式如下:

$$RI = \frac{\sum_{i=1}^{N} SN_i}{M} \tag{3-13}$$

$$SN_i = \begin{cases} 1,淹没 \\ 0,未淹没 \end{cases}$$

式中,M 为观测为水体的有效监测次数;SN_i 为 1,表示被江水淹没;SN_i 为 0,表示没有遭遇江水淹没;RI 的取值范围为 0 ~ 1,RI 值越小表示越安全。

3.3　应用实例

3.3.1　安徽省长江流域水灾分析评估

受超强厄尔尼诺现象影响,从 2016 年 6 月 18 日进入梅雨季节开始,安徽省出现持续性强降雨过程,暴雨区在大别山区、沿江地区和皖南山区多次叠加,长江流域发生了仅次于 1954 年的大洪水,全省先后有 34 条河流超警戒水位,其中 17 条超保证水位,13 条超历史最高水位;有 3 座大型水库、5 座中型水库超历史最高水位;沿江湖泊全部超警戒水位,其中白荡湖、枫沙湖、菜子湖、升金湖超历史最高水位,巢湖接近历史最高水位,高水位持续时间位居历史第一位。

本节利用高分一号卫星数据,通过水体面积提取算法,对比分析安徽省长江流域各个区域汛期水体面积同当年非汛期水体面积变化,从而更加直观了解受灾情况。监测的安徽省长江流域各个区域包括合肥市的巢湖市、庐江县、肥东县、肥西县和滨湖新区,宣城市的宣州区和郎溪县,安庆市的怀宁县、望江县和桐城市,芜湖市的南陵县、芜湖县和无为市,马鞍山市含山县和和县,池州市的贵池县和东至县,六安市的舒城县以及宿松县。

下面通过卫星影像对监测的各个区域基本情况进行介绍:

通过高分一号卫星影像对比 7 月 12 日与当年 2 月 3 日的影像(见图 3-10),提取影像水体面积,见表 3-6。

图 3-10　巢湖及合肥、马鞍山、六安汛期灾情基本情况

图 3-11 是芜湖市南陵县、芜湖县和无为县水体淹没情况。

图 3-11　芜湖市汛期灾情基本情况

表 3-6　巢湖及合肥、马鞍山、六安汛期水域面积　　　　　　（单位：km²）

日期 （年-月-日）	巢湖	西河	杭埠河	花渡北 （南）河	永安河	黄坡湖	兆河
2016-02-03	777	11.15	10.84	1.52	2.82	22.05	8.08
2016-07-12	883.03	40.42	34.38	47.5	42.64	50.8	90.14

巢湖、西河、杭埠河、花渡北（南）河、永安河、黄坡湖、兆河 2 月 3 日水域总面积为 833.46 km²，汛期时水域总面积达到 1 188.91 km²。

通过对比 2016 年 7 月 12 日及 2 月 3 日水体面积发现，升金湖及周边湖泊（高桥湖、和平湖）非汛期时水体面积是 96.27 km²，7 月汛期时达到 199.19 km²，水体面积增加 1 倍多，通过面积对比，可直观了解到该区域受灾情况（见图 3-12）。

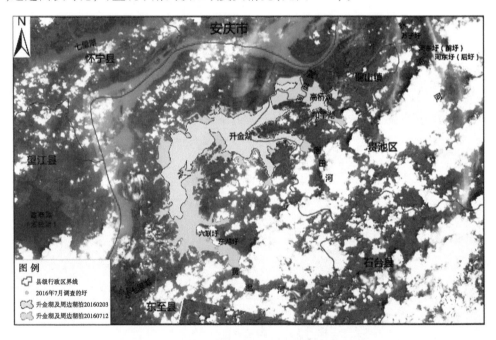

图 3-12　池州市升金湖及周边汛期灾情基本情况

通过对比 2016 年 7 月 8 日及 2 月 3 日水体面积发现，南漪湖及周边湖泊非汛期时水体面积是 144.97 km²，7 月汛期时达到 394.18 km²，水体面积增加近 3 倍，通过面积对比，直观了解到该区域受灾情况（见图 3-13）。

通过高分一号卫星影像对比 7 月 12 日与当年 2 月 3 日的影像（见图 3-14），分别提取两幅影像水体面积，见表 3-7。

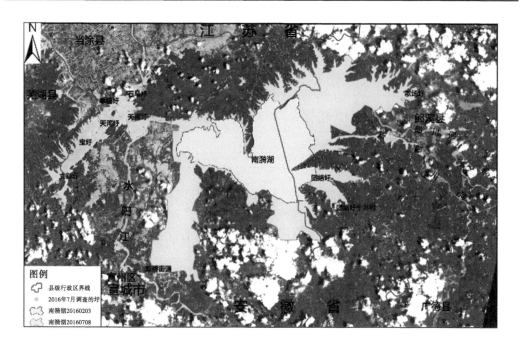

图 3-13　宣城市南漪湖及周边汛期灾情基本情况

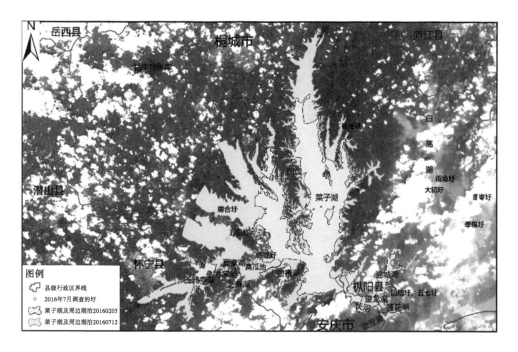

图 3-14　铜陵、安庆市菜子湖及周边汛期灾情基本情况

表 3-7　铜陵、安庆市菜子湖及周边汛期水域面积　　　　　　　　　　　（单位:km²）

日期 (年-月-日)	菜子湖	连城湖	望龙湖	莲花湖	小桥圩	国汉	岱赛湖	长河	三鸦寺湖	方家湖	夏家湖	芝麻湖	高瓜池
2016-02-03	191.55	8.38	0.6	0.63	0.07	0.4	3.27	1.74	9.57	0.72	0.21	1.6	0.6
2016-07-12	515.99												

菜子湖及周边水域 2 月 3 日总面积为 219.34 km²,汛期时水域总面积达到 515.99 km²,水域面积增加 2 倍多。

通过高分一号卫星影像对比 7 月 8 日与当年 2 月 3 日的影像(见图 3-15),分别提取两幅影像水体面积,见表 3-8。

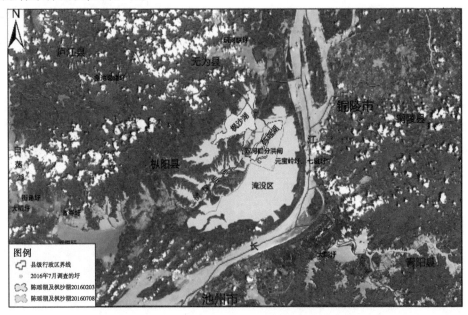

图 3-15　铜陵市枞阳县陈瑶湖、枫沙湖汛期灾情基本情况

表 3-8　铜陵市枞阳县陈瑶湖、枫沙湖汛期水域面积　　　　　　　　　　（单位:km²）

日期(年-月-日)	枫沙湖	陈瑶湖	淹没区
2016-02-03	16.37	6.57	—
2016-07-08	53.07	30.97	92.36

通过对 2016 年 7 月 8 日及 2 月 3 日水体面积对比发现,白荡湖非汛期时水体面积是 45.69 km²,7 月汛期时达到 175.28 km²,水体面积增加 4 倍,通过面积对比,直观了解到

该区域受灾情况(见图 3-16)比较严重。

图 3-16　铜陵市枞阳县白荡湖汛期灾情基本情况

通过高分一号卫星影像对比 7 月 12 日与当年 2 月 3 日的影像(见图 3-17),分别提取两幅影像水体面积,见表 3-9。

图 3-17　安庆市望江县(含宿松县)华阳河流域湖泊群汛期灾情基本情况

表 3-9　安庆市望江县（含宿松县）华阳河流域湖泊群汛期水域面积　（单位：km²）

日期（年-月-日）	龙感湖	大官湖	黄湖	湖泊	东湖	栏杆湖	下石湖
2016-02-03	279.03	147.81	97.08	125.16	0.73	6.01	0.22
2016-07-12	430.84	208.05	186.87	228.92	2.23	14.21	0.93

华阳河湖泊流域群水域 2 月 3 日总面积为 656.04 km²，汛期时水域总面积达到 1 072.05 km²。

安庆市望江县武昌湖及怀宁县汛期灾情基本情况见图 3-18。

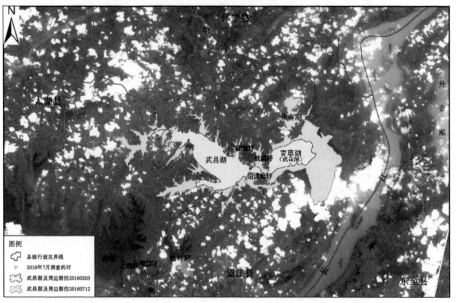

图 3-18　安庆市望江县武昌湖及怀宁县汛期灾情基本情况

通过对 2016 年 7 月 12 日及 2 月 3 日水体面积对比发现，武昌湖非汛期时水体面积是 65.76 km²，7 月汛期时达到 157.02 km²，水体面积增加近 3 倍。

3.3.2　宁国市水灾分析评估

受 2019 年第 9 号台风"利奇马"影响，以安徽省宁国市为例，安徽省宣城宁国市、广德市普降大到暴雨、特大暴雨，强降雨导致水阳江新河庄站、宣城站超保证水位。受灾人口 13.18 万。紧急转移安置 10 008 人，其中集中安置 628 人，分散安置 9 380 人；农作物受灾面积 0.219 万 hm²；倒塌房屋 74 间，严重损坏房屋 32 间，一般损坏房屋 81 间；直接经济损失 5 106.4 万元，其中农业损失 1 950.7 万元。

为准确、全面、客观地反应汛情和灾情，本节通过对灾情严重县区进行航拍，记录收集水毁、灾情资料,及时掌握受灾区域房屋、堤防、农田等灾情情况,这些实时资料,为防汛抗洪提供了准确数据,为灾后重建提供科学依据。宁国市乡镇受灾点位置分布见图3-19。

图 3-19　宁国市乡镇受灾点位置分布

3.3.2.1　综合分析

受第 9 号台风"利奇马"影响,安徽省阵风风力普遍达 6 ~ 8 级,皖南山区、大别山区和沿淮淮北东部 109 个乡镇阵风大 8 级以上,17 个乡镇超过 9 级,阵风风力达 11 级的有:黄山光明顶 32.1 m/s、青阳天台 29.8 m/s。长江以南及皖南山区部分地区,大别山、沿淮东部部分地区降暴雨、大暴雨,南部宣州区、郎溪、宁国、泾县、歙县一带降特大暴雨,全省其他地区降中到大雨。

全省平均降雨量 45 mm,其中皖南山区 73 mm、沿江长江以南 65 mm、大别山区 39 mm、江淮之间 34 mm、淮北 38 mm。2019 年 9 ~ 11 日宁国市降暴雨、特大暴雨,较大点雨量站与历史资料或附近站点历史资料对比,上门站、洪家塔站、石河站、虹龙甸站最大 1 h 雨量排历史第 1 位;上门站、洪家塔站、刘家坞站、石河站最大 3 h 雨量排历史第 1 位;上门站、桃山站、洪家塔站、石门站最大 6 h 雨量排历史第 1 位;牌坊站、耿村站、茅田站等最大 12 h 雨量排历史第 1 位;牌坊站、耿村站、茅田站等最大 24 h 雨量排历史第 1 位;水阳江河沥溪以上流域最大 24 h 面平均雨量 178.3 mm,排历史第 2 位(第 1 位:1961 年,189 mm),重现期约 35 年一遇(资料系列 1950 ~ 2018 年)。

台风期间,全省降雨量大于 250 mm 的共有 4 县(区)50 站,笼罩面积 1 354 km²;大于 100 mm 的共有 29 县(区)548 站,笼罩面积 1.57 万 km²;大于 50 mm 的共有 77 县(区)1546 站,笼罩面积 4.60 万 km²。累计面平均雨量:水阳江新河庄站以上 157 mm,中东津河宁国站以上 210 mm,南漪湖以上 161 mm,港口湾水库 147 mm。最大 1 h 降雨量大于 50 mm 的共有 24 站,其中宁国市上门站 80 mm、洪家塔站 75 mm、石河站 72 mm 较大;最大 3 h 降雨量大于 90 mm 的共有 40 站,宁国市上门站 135 mm、洪家塔站 132 mm、刘家坞站 118 mm、广德县四合站 119 mm 较大;最大 6 h 降雨量大于 120 mm 的共有 71 站,宁国市石门站 193 mm、上门站 186 mm,绩溪县水浪头站 182 mm、广德县桃山站 170 mm 较大。截至 2019 年 11 日 3 时 15 分,河沥溪站出现最高水位 53.86 m,超保证水位 1.33 m,宁国站 3 时 25 分出现洪峰水位 49.87 m,相应流量 4 060 m³/s。水阳江宣城站 4 时 19 分,新河庄站 3 时 20 分开始超警戒水位。2019 年 11 日 6 时,水阳江宣城站水位 15.97 m 超警 0.47 m;新河庄站水位 11.52 m,超警戒水位 0.52 m。预计宣城站、新河庄站将超保证水位。

3.3.2.2　初步评估

受台风"利奇马"影响,安徽省宁国、广德、绩溪部分地区房屋倒损、农作物被淹、道路桥梁冲毁、供电和通信中断。全省受灾人口 5.22 万;紧急转移安置 10 008 人,其中集中安置 628 人,分散安置 9 380 人;农作物受灾面积 0.219 万 hm²;倒塌房屋 364 间,严重损坏房屋 113 间,一般损坏房屋 326 间;直接经济损失 5 106.4 万元,其中农业损失 1 950.7 万元,农作物受灾面积近 9 万亩。台风天气累计导致安徽省 102 条 10 kV 线路 3 661 个台区停运,涉及停电用户 28.6 万,国网安徽电力当日投入抢修队伍 217 支人员 1 243 人。截至 2019 年 8 月 10 日 18 时,仍有 21 条 10 kV 线路、452 个台区、34 830 户用户未恢复。

宁国全市因灾倒塌农房 650 户 2 127 间,严重损坏 524 户 1 670 间;农林作物受灾面积 14 658 hm²,绝收 3 156.9 hm²;124 家各类工矿企业受灾,损毁倒塌厂房 14.2 万 m²;400 km 道路、169 处桥梁、1 647 处水利工程、37 条电力主线路遭受损毁,431 处通信基站中断,直接经济损失达 25.94 亿元。

宣城全市受灾人口 52 198 人,1 名乡镇干部在抗台风防台风巡查中失联;紧急转移安置 10 005 人,其中集中安置 628 人,分散安置 9 377 人,需过渡性生活救助 20 人。农作物受灾面积 2 188.26 hm²,成灾 1 481.3 hm²,绝收 69.23 hm²,毁坏耕地面积 2 hm²;倒塌房屋 27 户 74 间(农房 26 户 72 间),严重损坏农房 15 户 32 间,一般损坏农房 54 户 79 间;全市直接经济损失 4 956.4 万元。

3.3.2.3　受灾实景

2019 年第 9 号台风"利奇马"给安徽省带来巨大的损失,本部分以宁国市甲路镇为例,介绍该地区受台风影响后道路、房屋等损毁情况。

甲路镇航拍影像、道路水毁中断情况、房屋毁坏情况和山体滑坡情况分别见图 3-20 ~ 图 3-23。

图 3-20　甲路镇航拍影像

图 3-21　道路水毁中断情况

图 3-22　房屋毁坏情况

图 3-23　山体滑坡情况

3.3.3　江心洲水灾风险性分析

　　长江凤凰洲和长沙洲(具体的地理位置如图 3-24 所示),位于长江中下游,是长江比较大的两个江心洲。凤凰洲,又名凤仪洲,宋代已经形成沙洲,清代前期筑堤围垦,岛内住有 1 万多人,主要以种植棉花、玉米、蔬菜、养殖为主,江外滩为万亩欧美黑杨树工业原料基地。长沙洲,紧邻凤凰洲,岛内住有近 1 万人,岛上主要以种植棉花、小麦为主,发展水上运输为辅。两洲依托长江黄金水道,发展水上运输。

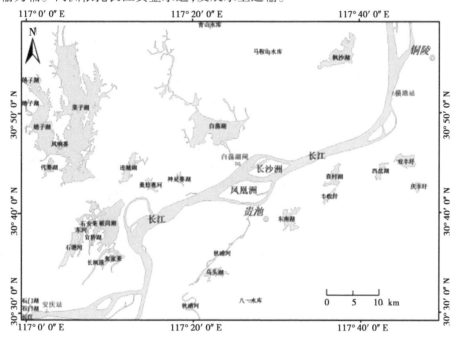

图 3-24　长江凤凰洲和长沙洲地理位置

　　长江流域属典型季风气候区,多年平均降水量 1 100 mm 左右,降雨集中在夏秋季节,4～10 月降雨量占全年降雨量的 70% 以上。长江干流洪水按洪水的组成基本上可概括为两大类:第一类是全流域性的特大洪水和大洪水,主要是上下游雨季重叠,同时发生大面积、长时段的暴雨过程,致使上下游干支流洪水过程遭遇,造成峰高量大、持续时间长的特大洪水和大洪水,如 1954 年、1998 年;第二类是区域性特大洪水,上、中、下游主要干支流皆可发生,其频次比流域性大洪水年高,一般由持续 3～5 d 的暴雨过程所形成,如上游的 1981 年洪水,中游的 1969 年洪水,下游的 1991 年洪水,以及 1995 年、1996 年和 1999 年中下游大洪水。

　　2016 年,受强降雨等因素影响,长江中下游遭遇了仅次于 1954 年特大洪涝灾害,江心洲受洪涝灾害影响严重。采用密集时间序列遥感影像对江心洲进行连续监测有重要意义,不仅可以用于定量评估灾情,也可以为主管部门实时灾情预警和灾后重建提供决策依据。本节收集了高空间分辨率和高时间频率的遥感数据结合当地水文站的水位数据,以长江凤凰洲和长沙洲为例,进行案例研究。

3.3.3.1　数据收集

1. 高分一号数据

高分一号卫星于 2013 年 4 月 26 日由中国酒泉卫星发射中心成功发射。它搭载了 4 台 16 m 分辨率多光谱相机,获取的多光谱数据包含 4 个波段,中心波长分别为 503 nm、576 nm、680 nm 和 810 nm。高分一号数据 16 m 的空间分辨率能够很好地捕捉到江心洲的空间细节。为了准确捕获江心洲的动态变化,收集了覆盖研究区的云量较少、质量较好的 40 景空间分辨率为 16 m 的高分一号 WFV(wide field view,WFV)数据作为研究的主要数据源。另外,收集了 2 景空间分辨率为 1 m 高分二号 PMS(pan and multi-spectra sensor,PMS)数据用作验证数据。所有数据均下载于陆地观测卫星数据服务平台。本节所采用数据的获取时间见表 3-10。

表 3-10　试验卫星数据采集时间

数据源	数据采集日期(年-月-日)						
高分一号	2016-01-26	2016-03-27	2016-04-30	2016-06-05	2016-07-28	2016-09-12	2016-12-15（2 景）
	2016-02-03	2016-03-28	2016-05-03	2016-06-13	2016-07-29	2016-09-20	2016-12-28
	2016-02-16	2016-04-01	2016-05-04	2016-06-14	2016-08-10	2016-11-04	2016-12-31
	2016-02-20	2016-04-13	2016-05-11	2016-07-08	2016-08-14	2016-11-11	
	2016-02-28	2016-04-21	2016-05-12	2016-07-24	2016-08-18	2016-11-28	
	2016-03-11	2016-04-29	2016-05-16	2016-07-25	2016-08-31	2016-12-02	
高分二号	2016-08-11						

2. 水位数据

收集了研究区附近的水位数据,用于研究水位变化对江心洲的影响。具体地,收集了长江安徽段凤凰洲和长沙洲附近白荡湖闸水文站(E 117°25′21″,N 30°45′19″)、上游的安庆水文站(E 117°3′12″,N 30°30′14″)和下游的横港水文站(E 117°43′59″,N 30°51′27″)的逐日水位和降雨量信息(安徽省水文遥测信息网)。对应于成像卫星时间,选取了白荡闸从 2016 年 1 月 26 日至 11 月 11 日的闸上水位信息,共计 34 d 的水位信息,白荡湖闸自 2016 年 11 月 22 日至 2017 年 3 月 31 日暂时停止记录。安庆站和横港站从 2016 年 1 月 26 日至 2016 年 12 月 31 日 39 d 的水位信息,三个水文站均采用吴淞高程基准面,单位为 m。

3.3.3.2　结果与分析

1. 精度评价

本节利用空间分辨率较高的高分二号数据(1 m)对高分一号数据(16 m)的制图结果进行验证。具体地,对比成像时刻较为接近的 2016 年 8 月 11 日高分二号数据的制图结果和 2016 年 8 月 10 日高分一号数据的制图结果,并进行精度验证及评价(见表 3-11)。在统计的 320 672 个像元中,116 592 个像元被成功识别为岛屿,187 217 个像元被成功识别为水体,总精度达 94.74%,Kappa 系数为 88.95%。因此,我们发现采用 NDWI 阈值法进行江心洲制图精度较高,能够满足制图需求。

表 3-11　基于阈值分割的 NDWI 方法所得的混淆矩阵

类别		高分二号		行像元总数	使用者精度 (%)
		岛屿	水体		
高分一号	岛屿	116 592	4 962	121 554	95.92
	水体	11 901	187 217	199 118	94.02
列像元总数		128 493	192 179	320 672	
生产者精度(%)		90.74	97.42		
总精度 = 94.74%			kappa = 88.95%		

2. 江心洲陆地面积和水位的动态变化

图 3-25 展示了研究区两个江心洲的陆地总面积的动态变化。总体而言,江心洲的面积表现出明显的季节变异和一定的短期波动。类似地,水位也呈现出明显的季节变异和一定的短期波动。将江心洲陆地面积最大值和最小值的差定义为江心洲陆地年内波动,发现所研究的江心洲年内波动达 26.19 km²。类似地,发现江心洲附近上游的水位年内波动达 10.8 m(下游为 9.23 m)。江心洲的陆地面积受到枯水期和丰水期的影响较为明显,表现出显著的先缩小后扩张的年内变异规律。将 2016 年年初和年末的江心洲面积变化和水位变化定义为年江心洲净变化和水位净变化。所研究的江心洲的陆地净变化达 −1.32 km²,而附近上游水位净变化达 1.45 m,附近下游水位净变化达 0.43 m。江心洲面积净变化远小于其年内波动,结论对于水位也成立。还计算了江心洲陆地面积和水位的关系,发现两者表现出强烈的负相关关系($R^2 = 0.828\ 5$,$P < 0.001$)。对凤凰洲和长沙洲分别进行计算,发现上述结论依然成立。

如图 3-25 所示,2016 年 4 月 30 日至 8 月 31 日,三个水文站的水位均为全年水位较高的时期,该时间阶段为汛期长江高水期,江心洲陆地面积为较小。容易发现,江心洲陆地面积随着水位的上升而减少,随着水位的下降而增加。除了明显的季节规律,还发现江

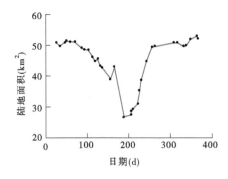

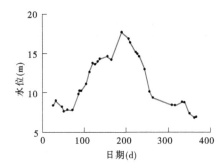

图 3-25　江心洲陆地面积动态变化（左）和安庆站水位动态变化（右）

心洲陆地面积表现出一定的短期波动性,如 2 月 3 日、6 月 5 日和 12 月 15 日。相应地,发现对应时刻的水位也表现出一定的波动性。这表明,从季节到更短的时间尺度上,水位变化都影响着江心洲的陆地面积的变化。

　　结合水文站的实测降雨量信息和气象部门的预报,6 月 16 日至 7 月 6 日,安徽省江淮之间南部和江南部分地区持续降雨,局部地区出现了大暴雨。江心洲陆地面积的最小值出现在汛期 2016 年 7 月 8 日,为 26.90 km²[见图 3-26(a)]。当日白荡湖闸站、安庆站和横港站等 3 个水位站均为最高水位(安庆站 17.66 m、白荡湖闸闸上水位 15.23 m、横港站 15.19 m),当日白荡湖闸的闸下水位为 16.21 m,超警戒水位 3.21 m,超保证水位 1.72 m,超历史最高水位 1.3 m。江心洲陆地面积的最大值出现在枯水期 2016 年 12 月 28 日,为 53.09 km²,当日安庆站和横港站均为最低水位,分别为 6.86 m 和 5.96 m[见图 3-26(b)]。

　　3. 江心洲陆地面积与水位的关系

　　为分析江心洲陆地变化与水位变化之间的关系,本节收集了江心洲附近的水位数据。综合同类研究成果,本小节采用一次函数、二次函数、三次函数和指数函数四种模型描述江心洲陆地面积和相应成像时刻水位的关系(见图 3-27)。

　　计算结果表明,四种模型都表明了江心洲陆地面积和所测水位之间的显著相关性。并且,这个结论对 3 个水位站的水位数据都成立,拟合模型的 R^2 均高于 0.82,P 值均小于 0.001。但是,3 个模型也表现出一定的差异,安庆站和横港站所测水位与江心洲面积的

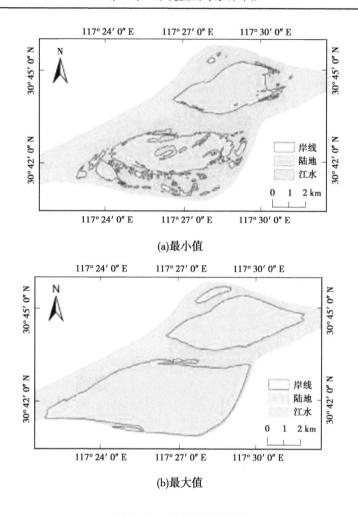

(a)最小值

(b)最大值

图 3-26　江心洲陆地面积

相关性比白荡湖闸高。认为白荡湖闸是排涝站,其闸上水位高于长江实际水位,不能精确代表江心洲附近的长江水位信息。此外,4 个拟合模型也表现出一些效果的差异。其中,三次函数表现出最好的拟合效果($R^2 > 0.92, P < 0.001$),这也体现了江心洲陆地面积与水位之间的复杂的非线性关系,这主要受到江心洲潮滩地形的控制。

4.江心洲各区域的风险性情况

图 3-28 给出了研究区中江心洲的淹没风险性空间分布图。红色代表最高值 1,绿色代表最低值 0,值越大表示危险性越高。根据风险性指数,将风险性指数为 0 的区域定义为安全区域,风险性大于 0.5 的区域定义为危险区。江心洲累计有 23.06 km² 为安全区域,占江心洲陆地总面积的 41.41% ;32.63 km² 易遭受洪涝灾后影响,其中 9.99 km² 为危险区域,占江心洲陆地总面积的 17.95% ,这些区域多位于江心洲的沿岸和洲内河流两岸。

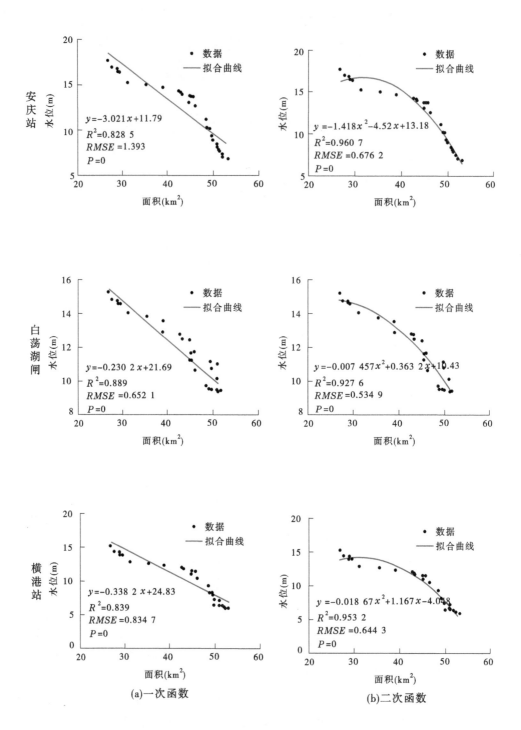

(a)一次函数　　　　　　　　　　(b)二次函数

图3-27　江心洲面积与3个水位站的水位之间的关系

安庆站

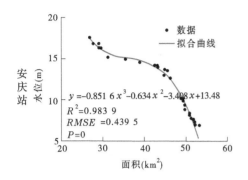

$y=-0.851\,6x^3-0.634x^2-3.408x+13.48$
$R^2=0.983\,9$
$RMSE=0.439\,5$
$P=0$

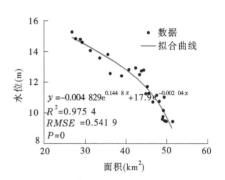

$y=-0.004\,829e^{0.144\,8x}+17.9e^{-0.002\,04x}$
$R^2=0.975\,4$
$RMSE=0.541\,9$
$P=0$

白荡湖闸

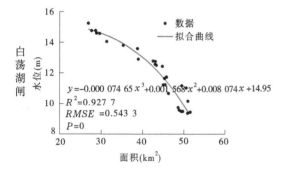

$y=-0.000\,074\,65x^3+0.001\,568x^2+0.008\,074x+14.95$
$R^2=0.927\,7$
$RMSE=0.543\,3$
$P=0$

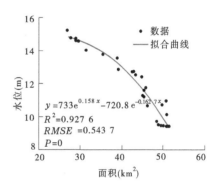

$y=733e^{0.158x}-720.8e^{-0.162\,7x}$
$R^2=0.927\,6$
$RMSE=0.543\,7$
$P=0$

横港站

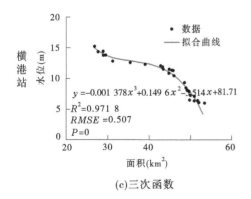

$y=-0.001\,378x^3+0.149\,6x^2-5.514x+81.71$
$R^2=0.971\,8$
$RMSE=0.507$
$P=0$

(c)三次函数

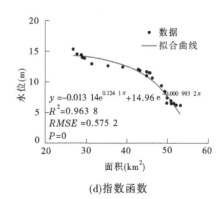

$y=-0.013\,14e^{0.124\,1x}+14.96e^{0.000\,993\,2x}$
$R^2=0.963\,8$
$RMSE=0.575\,2$
$P=0$

(d)指数函数

续图 3-27

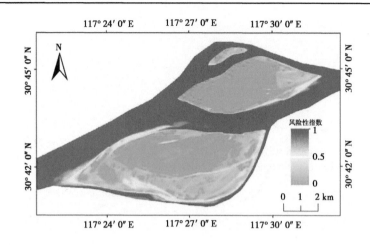

图 3-28　2016 年江心洲淹没风险性指数图

5. 结论

本节以长江安徽段凤凰洲和长沙洲为例,使用中国高分一号卫星数据作为数据源,利用水体指数和阈值分割相结合的方法,进行高时间分辨率的江心洲变化制图。利用具有更高空间分辨率的高分二号数据进行验证,发现本节的制图精度为 94.74%,满足研究要求。利用本节提出的方法,获得 2016 年长江安徽段两个典型江心洲的连续动态变化,发现江心洲表现出明显的季节变异和一定的短期波动。结合水文站数据,探索江心洲陆地面积与长江水位之间的相关关系,发现三次函数能够较好地刻画江心洲陆地面积和水位的关系($R^2 = 0.983\ 9$,$P < 0.001$)。并且,江心洲的年内变异受到水位年内变异的影响。此外,绘制了江心洲淹没危险评判指数空间分布图,发现危险性较高的区域多集中于江心洲的沿岸和洲内河流两岸,这为汛期洪水预警以及灾后重建等决策提供基础数据。同时,本节所提出的方法也可以尝试应用于其他江心洲或者岛屿的动态变化监测。

第 4 章　旱情监测与分析评估

2019 年 7 月安徽省淮北及江淮之间开始出现旱情,6 月 17 日至 7 月 19 日梅雨期淮北地区平均降雨量 75 mm,较常年同期偏少 70% ;江淮之间平均降雨量 149 mm,较常年同期偏少 40% 。与 1978 年同期比较,全省少 20% ,各区域少 10% ~40% ;与 2000 年同期比较,全省少 70% ,各区域少 70% ~80% 。以市级行政区为单位与常年进行比较,8 月 12 日以来,安庆市平均降雨量 170 mm,较常年同期少 50% ,排历史同期最少第 2 位。池州市平均降雨量 161 mm,较常年同期少 60% ;铜陵市平均降雨量 156 mm,较常年同期少 50% ,均排历史同期最少第 3 位。合肥市平均降雨量较常年同期少 40% ,黄山市、芜湖市平均降雨量较常年同期少 50% ,分别排历史同期最少第 3、4 位。与 1978 年同期比较,安庆市、铜陵市少 10% ,滁州市、芜湖市、宣城市多 10% ,马鞍山市、六安市、合肥市多 20% ~40% 。与 2000 年同期比较,六安市、安庆市、池州市、铜陵市偏少 70% ,合肥市、滁州市、芜湖市、马鞍山市、黄山市偏少 60% ,宣城市偏少 40% 。淮河以南大部发生 25 ~30 年一遇严重干旱,局部 30 ~50 年一遇特大干旱,尤以山丘区为甚。

影响干旱的因素很多,造成干旱的原因不同,安徽省淮北地区、江淮之间、长江以南地区各地气候、地理条件差异很大,目前难以采用统一的干旱评判标准。本次监测对比全省遥感数据、气象数据、水文数据、农业数据、供水数据等多项指标及大数据,多措并举对 2019 年度安徽省干旱进行监测,综合雨水情、蓄水量、墒情、遥感等 10 项数据资源并结合安徽省旱情的实际状况,进行分析今年旱情情况,实现从"点"和"面"2 个层次对旱情进行监测。

旱情监测评估为安徽省今后开展自然灾害综合性调查评估工作探索经验,进一步规范自然灾害调查评估工作流程,探索科学合理的工作方式方法和成果形式,为全面提高安徽省自然灾害防治能力提供有力的技术支撑,同时对于适时指导抗旱减灾工作、优化水资源配置、科学指导节水灌溉、建设节水型社会等都有重要意义。

4.1　旱情遥感监测方法

4.1.1　基于水体面积变化的旱情遥感监测

水资源是一个独立的环境因子,是维系区域生态系统的重要支撑,是大自然赋予人类最宝贵的财富,在人们的生产、生活中发挥着非常重要的作用,是人类赖以生存和发展不可缺少的最重要的物质资源之一,湖库水体面积能够直观展示人类活动和气候变化对湖库的影响。

遥感信息提取的主要对象是陆地表层系统中各类自然、人文要素,水面是其中主要自然要素之一,具体表现为湖泊、河流、水库、湿地等形态。遥感技术具有范围广、速度快、周期短、受限条件少和信息量大等优点,准确、快速地从卫星遥感影像中获取水面信息,已成为水资源调查、监测,水旱灾害评估等领域的重要手段。本节以湖泊和水库作为监测目标,获取其连续动态遥感监测数据,以2014年安徽省水利普查中湖泊面积和《安徽省大中型水库基本资料汇编》中大中型水库正常蓄水位对应面积为参考依据,利用高分卫星影像湖库水体面积数据进行监测,通过分析淮河以北、江淮之间、长江以南以及各地市水体面积变化情况,以期了解安徽省2019年旱情情况。

4.1.1.1　水体面积信息提取方法

常规的湖库监测主要根据水资源管理需求和经济允许条件,布设监测站网,需要耗费大量的人力和财力,对湖库水体的大范围、长时效监测难以实现。遥感技术具有成本低、速度快、监测范围广的优点,且利用遥感手段便于对湖库水体进行长期的动态监测,适合研究大范围、长时效的湖库动态变化。

近年来,许多学者对利用卫星遥感数据识别与提取水体信息资源的方法进行了一系列研究,利用遥感技术来提取水体面积已成为首选的方法。水体面积信息提取方法主要包括基于像元的提取方法和面向对象的提取方法两类。不同地物都有其特有的光谱特性,由于地物性质及其对太阳光的吸收、反射程度不同,传感器记录的波谱信息各不相同。水体在红外波段几乎全部吸收入射的能量,在近红外和可见光这两个波段范围的反射率较低,而周边的地物类型一般为植被和土壤,这类地物在近红外波段上有较高的反射特性,使得水体在遥感影像上呈现出暗色调,而植被和土壤相对较亮,表现出明显的反射率差异,水体固有的光谱特性是利用遥感影像提取水体的重要依据。

1.单波段阈值法

单波段阈值法是提取水体最简单易行的方法,主要利用水体在近红外波段处的强吸收性,以及背景陆地信息在近红外波段的强反射性,即近红外波段中两类地物易于区分的特点,选取单一的近红外波段,通过反复试验,确定一个灰度阈值以提取水体的方法。水体信息在近红外波段中的灰度值很小,除阴影外,其他地物在近红外波段中灰度值均较大。

2. NDWI 方法

NDWI 是根据植被和水体在可见光与近红外波段的波谱特点,利用绿波段与近红波段的数据构建而成。NDWI 可最大程度的抑制植被信息,突出水体信息,能有效地将水体与植被等信息区分开。归一化水体指数(NDWI)算法的计算公式如下:

$$NDWI = \frac{Green - Nir}{Green + Nir}$$

式中, $Green$ 为绿色波段灰度值; Nir 为近红外波段灰度值。

在水体指数图像的统计直方图中,水体和非水体两类型有一个明显的突变点,该点的灰度值称为分割点阈值 T 。 $NDWI \leq T$,为非水体类型; $NDWI > T$,为水体类型。

3. NDVI 方法

植被指数法常用于指示植被的数量特征以及用于监测植被的季节变化和用于土地覆盖研究,也可用于水体区域和非水体区域的识别。水体在近红外波段有较低的反射,其灰度值明显低于植被,而在红色波段,水体有较高的反射,其灰度值高于植被,因此可用 ND-VI 处理来增强水陆反差,划定水体范围。归一化差异植被指数(NDVI)算法的计算公式如下:

$$NDVI = \frac{Nir - Red}{Nir + Red}$$

式中, Nir 为近红外波段灰度值; Red 为红色波段灰度值。

在植被指数图像的统计直方图中,水体和非水体两类型有一个明显的突变点,该点的灰度值称为分割点阈值 T 。 $NDVI \leq T$,为水体类型; $NDVI > T$,为非水体类型。

4. SVM 支持向量机法

支持向量机法的主要思想是针对两类分类问题,在高光谱影像分类中已得到了广泛的应用,但在高空间分辨率影像分类中的研究还较少。SVC 方法是一种建立在统计学理论基础上的机器学习方法,它基于线性划分,通过非线性映射算法转化分析非线性特征,无须数据降维计算。SVM 支持向量机法可以自动发现对分类有明显区分能力的支持向量,由此构建出分类器来区分不同类型地物。一些学者在研究中发现,SVM 对光谱中红、绿、蓝及近红外 4 个波段的数据处理效果较好,并应用到高分辨率卫星影像,根据不同地物的反射特性以及经验知识选择地物分类样本,在此基础上进行计算机分类计算。

4.1.1.2　水体面积信息提取技术流程

基于多源多时序卫星数据,选取覆盖特定区域质量较好的多期影像,经过辐射校正、几何校正、正射校正、坐标投影转换、数据格式转换、图像增强、影像融合、影像镶嵌和裁切等图像预处理,消除由于多源影像数据成像平台、成像机制、成像谱段的不同导致的辐射畸变和几何畸变差异,再进行水体面积提取,得到面积信息。具体技术流程见图4-1。

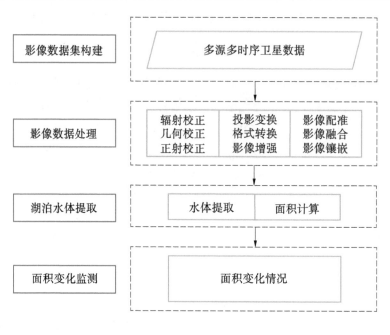

图 4-1　技术流程

4.1.2　基于 TVDI 方法的 MODIS 旱情监测

　　干旱是世界上分布范围最广、出现频率最高、造成经济损失最大的自然灾害之一,最直接的影响是给农业生产、人类生存和社会发展带来严重威胁。农业干旱是一个多因素致灾的复杂自然过程,除受到水分胁迫外,还受到土壤、气象、地形、灌溉措施、作物种植结构、品种抗旱能力等因素的影响,是多要素共同作用下的结果。目前,国内外对于干旱遥感监测方法的研究多种多样,本次研究是在现有研究的基础之上,做出一个适合安徽省旱情监测遥感模型,选择安徽省作为研究区,借助分裂窗算法反演地表温度(Ts),获取归一化差异植被指数(NDVI),建立温度植被干旱指数(TVDI)的干旱监测模型,反演 MODIS – TV-DI 与同期野外实测的不同深度土壤含水量进行回归分析。使土壤相对湿度指数与遥感信息有效地结合起来,建立的安徽省旱情分类方法能够有效的为水利、气象、农业工作做出辅助依据,为政府部门的决策提供有效支持,使安徽省抗旱工作登上新台阶,减少旱灾对生产的破坏,目的是使该方法能够业务化发展运行。

　　传统的干旱监测方法多是以基于气象监测站点的人工观测数据建立 Palmer 指数、标准化降水指数(standardized precipitation index,SPI)等干旱指数来监测旱情。这些方法需要投入大量人力、物力和财力,且单点数据难以代表大范围的土壤墒情和农作物长势信息,无法满足大区域实时监测旱情的需求。卫星遥感技术能够快速获得地物表面的光谱、时间、空间和方向信息,具有覆盖范围广、空间分辨率高、重访周期短、数据获取方便、资料客观等优点,弥补了传统旱情监测方法的不足,适合大范围的干旱监测。本研究以 Terra MODIS 获取的 MOD11A2 产品的 LST 数据、MOD13A2 产品 NDVI 为基本数据源,构建 TV-DI 模型,反演安徽旱情期间的土壤湿度,并用研究区农业气象站点收集的不同深度的土壤湿度进行了线性拟合验证,分析了旱情的时空分布状况和 TVDI 模型的适用性。

4.1.2.1 技术路线

土壤湿度是决定土地农作物产量的一个主要的指标,其可以直接反应土壤墒情,在自然界的物质能量交换过程中的作用极其重要。MODIS 数据具有光谱范围广(共有 36 个波段,光谱范围为 0.4 ~ 14.4 μm)。利用 MODIS 产品数据计算出 TVDI,采用梯度结构相似法分析安徽省土壤湿度的时空分布特征。通过对不同传感器所获取的遥感影像的 T_s 和 NDVI 数据进行提取并对二者的关系模型进行了改进和简化,提出温度植被干旱指数(tempreture vegetation drought index,TVDI)的概念,用此来描述大面积连续范围内的土壤干旱情况。自 TVDI 指数提出以来,已经越来越多地应用到旱情监测当中。

基于 TVDI 的遥感监测技术流程见图 4-2。

4.1.2.2 资料收集

需要收集的资料主要包括:收集安徽省的地理、水利、经济与社会等基础情况,并掌握地区旱灾发生的原因,为研究工作打下基础;收集 MODIS 数据和安徽省地区土壤相对湿度数据。MODIS 数据可以在 NASA 官网上面免费下载,安徽省土壤相对湿度数据也可到有关网上申请索取。

4.1.2.3 研究内容步骤

近年来,有研究人员分析了遥感传感器得到的地表温度(LST)和植被指数,认为它们的散点图构成的空间关系为三角形关系,并利用土壤—植被—大气传输模型(SVAI)进行了比较验证。试验观测要求研究区域必须足够大,涵盖的地表覆盖信息应该从裸土一直变化到植被完全覆盖,土壤湿度从干旱变化到湿润。图 4-3 中的 A、B、C 三个点代表了 LST – NDVI 特征空间中的三种极端情况,分别表示干燥裸土(NDVI 小,LST 高)、湿润土(NDVI 和 LST 都最小)和湿润且完全植被覆盖的地表(NDVI 大,LST 高)。在裸土区,地表温度与土壤含水量的变化高度相关。由 A 至 B,地表的土壤水分蒸发逐渐增大。随着地表植被覆盖度的增加,地表温度开始下降。C 点表示植被完全覆盖,土壤湿度含量充足,这时没有水分胁迫。图中 AC 边表示土壤水分的有效性很低,地表蒸散发小,处于干旱状态,被认为是"干边";BC 表示土壤水分充足,不是植物生长的限制因素,此时地表蒸散等于潜在蒸散,被认为是"湿边"。

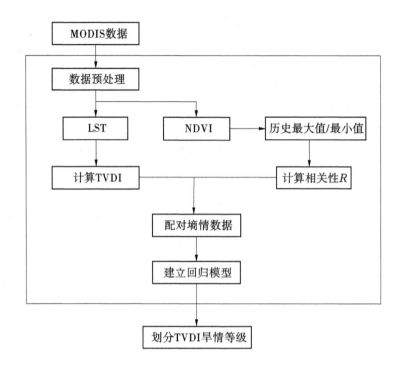

图 4-2 基于 TVDI 的遥感监测技术流程

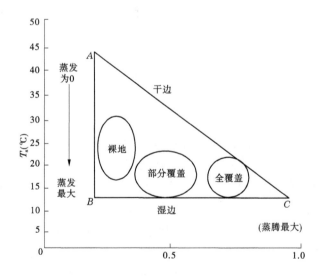

图 4-3 LST – NDVI 关系图

对 LST－NDVI 特征空间进行简化,研究人员提出了温度植被旱情指数 TVDI 的概念,其计算公式如下:

$$TVDI = \frac{T_s - T_{smin}}{T_{smax} - T_{smin}}$$

式中,T_{smin} 为最小地表温度,对应的是湿边;T_s 为任一像元地表温度;T_{smax} 为某一 NDVI 对应的最大地表温度,即干边。

在遥感技术提取的植被指数数据和地表温度数据中,提取相同植被指数下的最高地表温度和最低地表温度,将植被指数分别与其进行拟合,则干边、湿边方程如下:

$$T_{smax} = a_1 + b_1 \cdot NDVI$$
$$T_{smin} = a_2 + b_2 \cdot NDVI$$

式中,a_1、b_1 和 a_2、b_2 分别为干边和湿边拟合方程的系数。

干边对应 TVDI 值为 1,湿边时应 0,计算得到任一点 TVDI 值介于 0 ~ 1,TVDI 值越大,对应的土壤水分越低;TVDI 值越小,对应的土壤水分越高。根据上述原理,利用某地区 10 月的植被指数 NDVI 和 LST 进行试验,其 LST－NDVI 特征空间如图 4-4 所示。

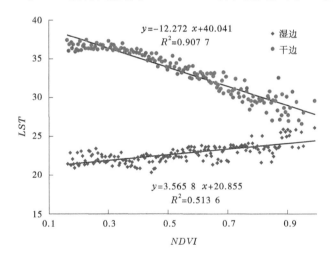

图 4-4　某地区 10 月上旬 NDVI 和 LST 拟合散点图

4.1.2.4　遥感数据选取

EOS(earth observation system,EOS)卫星是美国地球观测系统计划中一系列卫星的简称。经过长达 8 年的制造和前期研究准备工作,第一颗 EOS 的上午轨道卫星于 1999 年 12 月 18 日发射升空,发射成功的卫星命名为 Terra,主要目的是观测地球表面;第一颗 EOS 的下午轨道卫星于 2002 年 5 月 4 日发射升空,发射成功的卫星命名为 Aqua。监测使用 MODIS 数据来构建植被状态指数和温度状态指数,来源于 NASA 提供的 MOIDS／

Aqua 数据产品,包括 8 d 合成的 1 km 分辨率地表温度产品 MOD11A2 以及 16 d 合成的 1 km 分辨率植被指数产品 MOD13A2。其中 MOD11A2 产品存储的是 8 d 中晴好天气下地表温度 / 发射率的平均值,包括白天和夜间地表温度等数据;MOD13A2 产品包括 16 d 最大值合成的 NDVI、EVI 以及蓝光、红光、近红外、中红外等波段的反射率等数据。其降水数据采用国产的风云气象卫星 FY－2D 降水估计数据产品,来源于国家卫星气象中心风云卫星遥感数据服务网(http：//satellite. cma. gov. cn /) 提供的 FY－2D－24 小时降水估计产品(HDF 格式)。该数据产品是以 FY－2D 静止气象卫星资料为主,以常规地面观测资料为辅,通过卫星中心静止气象卫星降水估计技术和卫星估计结果与地面常规雨量观测结果的融合技术所生成的定量雨量估计结果。

安徽省 MODIS 数据下载记录见表 4-1。

表 4-1　安徽省 MODIS 数据下载记录

类型	MOD11A2		MOD13A2
日期	2019-07-20	2019-07-28	2019-07-28
	2019-08-05	2019-08-13	2019-08-13
	2019-08-21	2019-08-29	2019-08-29
	2019-09-06	2019-09-14	2019-09-14
	2019-09-22	2019-09-30	2019-09-30
	2019-10-08	2019-10-16	2019-10-16
	2019-10-24	2019-11-01	2019-11-01
	2019-11-09	2019-11-17	2019-11-17

4.1.2.5　TVDI 干旱等级划分

干旱等级的划分并不是具有统一标准的,一般是根据研究区的具体情况进行划分,主要是由于各地区气候情况的不同,干旱监测指数的适用情况也会有明显差异,利用干旱指标和干旱等级以及监测和评估干旱的发生状况时,研究区不同,也会使这些出现很大差异,不能进行相同标准下的比较,更难满足气象灾害的需求。根据安徽省地理、气候等各项综合旱情监测指标,可将干旱等级按照 TVDI 值划分为 5 级,分别为正常、轻旱、中旱、重旱、特旱。划分等级表 4-2 所示。

4.1.3　基于森林易燃区域的旱情遥感监测

森林,又被称为"地球之肺",是地球上重要的生态组成部分。目前,我国森林覆盖率已由 20 世纪 70 年代初的 12.7% 提高到 2018 年的 22.96%，森林面积达到 2.2 亿 hm²，森林蓄积 175.6 亿 m³，是全球森林资源增长最多的国家。进入夏季，若长期缺少有效降水，干燥高温的气候环境会导致旱情的持续，树木和草类会增加蒸发量，这样会导致土壤含水量下降，枯落物更快干燥，空气湿度和土壤湿度下降。受人为扰动越来越强，明火使用量和森林易燃物的一并增加极易导致森林火灾。因卫星具有覆盖范围广、观测频次高等特性，基于卫星遥感技术对森林覆盖易燃区域进行着火点监测，能够实时地跟踪与监测森林草原等易燃区域火灾的发生、发展及变化情况。对发生火情的区域可进行实时监控，汇报其发展情况，"打早、打小"从而避免灾害范围的扩散。同时，森林易燃区的火点区域数目以及分布情况的变化，可反映随着降水量的减少、旱情的加剧情况以及旱情的区域走向，为抗旱工作提供有力的技术支持和保障。

表 4-2　TVDI 干旱等级划分标准

TVDI	阈值划分标准
0 ~ 0.2	正常
0.2 ~ 0.4	轻旱
0.4 ~ 0.6	中旱
0.6 ~ 0.8	重旱
0.8 ~ 1	特旱

4.1.3.1　森林易燃区与旱情的相关性

森林火灾与气候因子和人为扰动均具有密切的关系，比如雷击会引起森林火灾，人类故意点火均会引发森林易燃区的火灾。那么，干旱也会引起森林火灾吗？

了解森林火灾的原因，是做好防火工作的前提。火灾原因不外乎自然原因和人为因素两类。自然原因中，有雷电触及林木引起树冠燃烧和在干旱季节由于阳光的辐射强烈，使林地腐殖质层或泥炭层发生高热自燃。这类性质的森林火灾在我国部分地区是少数的。而最普遍、最大量的森林火灾，是人为引起的。人为因素中又有生产性火源和非生产性火源之分。生产性火源是由烧灰积肥、烧田埂草、炼山整地、烧垦烧荒、烧牧场以及烧炭等用火不慎引起的。这种生产性火源引起的森林火灾占 70% 以上。非生产性火源如烧山驱兽，在林中烧火取暖、煮饭、小孩玩火、夜间行路用火把照明、乱丢烟头以及敌人纵火烧山等。不论生产性或非生产性火源引起的森林火灾，通常情况都是从地面上的枯枝落叶、杂草灌木最先燃烧起来的，这种火叫作地面火。它能烧毁幼林，虽不至于把大树全部烧死，但烧伤树干和树根后，将影响树木的生长。当地面火遇到大风时，或树干上缠绕着爬蔓植物和有低垂下来的树枝，火便上升到树冠，成为树冠火。火借风势、风助火威，往往把燃烧着的枝叶吹到火头前面，成为新的火源，蔓延扩大，凶猛异常，这种火灾危害极大。

林中腐殖质层有机物质燃烧发生的火灾叫作地下火。发生原因一般是人们在林内用火，没有把余火熄灭掉，或在扑救森林火灾时对火烧迹地处理得不彻底，使火焰继续蔓延，遇到地下腐殖质层或泥炭层便扩展形成地下火。地下火燃烧速度缓慢，通常看不到烟和火焰。地下火烧坏有机质，降低土壤肥力，同时烧毁树林的根系，使树木枯死。地下火如遇到有大量枯枝落叶的地方，也会形成地面火。

研究表明，降水多的湿润年一般不易发生火灾。森林火灾多发生在降水少的干旱年，因此，干旱也会引起森林火灾。依据火点发生范围的大小和火点覆盖范围区域，可逆向推断出旱情所覆盖的区域，以及旱情的发展走向和严重区域。通过研究森林火灾信息的提取方法，为进一步分析旱情的影响范围提供依据。

4.1.3.2　火点提取技术路线

根据维恩位移定律，物体辐射本领最大值对应的波长与温度成反比，当温度升高时，辐射峰值向短波方向移动。森林草原等生物质燃烧的主要温度范围为 $600 \sim 1\,300$ K，对应的光谱波长在中红外（MIR，$3 \sim 5$ μm）范围内，而地表常温（约 300 K）的辐射峰值波长在 11 μm 左右。在中红外波段，燃烧释放的辐射与背景辐射之间的差异最高可以达到 4 个数量级。根据普朗克定律，这种辐射亮度上的差异导致即使火灾面积仅占像元总面积的 $1/10^{4} \sim 1/10^{3}$，火点像元在中红外波段的亮温值也会显著地升高，与周边像元出现明显差异。在远红外波段，同样会出现这种亮温上的差异，但差值较小。这种亮温差特性可以作为火点识别的主要依据。Himawari – 8 包含 3.9 μm 和 11.2 μm 等通道，各通道输出的量化等级为 12 bit，空间分辨率为 2 km，可以满足火点识别的需求。

利用地物反射率的不同，采用基于光谱阈值检测算法，将云点和水点剔除。利用由太阳高度角确定的阈值，分别利用不同波段反射率及亮温的不同阈值对厚云、高云和中低云进行检测，对所有非云点水点可见光波段亮温及可见光与红外波段的亮温差进行检测，并且利用晴空修复算法对检测结果进行修正。

在火点提取阶段，针对不同的卫星，使用的探测火点信息的方法有所不同。例如，对于 Himawari – 8 卫星，首先进行云点和水点剔除，并利用太阳耀斑角等参数剔除受太阳耀斑影响的像元，并通过阈值检测、边缘检测和背景窗口确认等方法确定火点像元。对于 NOAA/AVHRR 卫星的 MODIS 数据，针对其 36 个波段中 1、2、6、7、9、21、22、23、31 对火灾监测的敏感性，波段范围应分别选取在 $620 \sim 670$ nm、$841 \sim 876$ nm、$1\,628 \sim 1\,652$ nm、$2\,105 \sim 2\,135$ nm、$438 \sim 448$ nm、$3.929 \sim 3.989$ μm、$4.020 \sim 4.080$ μm、$10.780 \sim 11.280$ μm 等通道中，并进行适当的人工干预，剔除较明显的非火点，需要进行潜在火点的识别。HJ – 1B 卫星共有 8 个波段，其搭载的 IRS 传感器中为 3.5 μm 和 11 μm 中心波长的波段对温度较为敏感，可通过火灾发生前后两期的 IRS 亮温数据进行最小化拟合，提取拟合误差较大的异常温度点，通过阈值判读潜在火点进行融合的结果为最终的潜在火点。

4.1.3.3　卫星数据源选取

1. 葵花 8 AHI

葵花 8(Himawari - 8)是日本宇宙航空研究开发机构设计制造的向日葵系列卫星之一,设计寿命 15 年以上,该卫星于 2014 年 10 月 7 日由 H2A 火箭搭载发射成功,主要用于监测暴雨云团、台风动向以及持续喷发活动的火山等防灾领域。其搭载的高级成像仪 AHI 传感器,空间分辨率为 2 km × 2 km,观测频率为 1 次/10 min,非常适用于大火持续监测。

2. TERRA、AQUA MODIS

TERRA、AQUA MDDIS 是美国国家航空航天局(NASA)对地观测计划中引起遥感应用界瞩目的 2 颗卫星,它们分别于 1999 年 12 月 18 日、2002 年 5 月 4 日发射成功,目前均处于正常运转中。这两颗星上搭载的中分辨率成像光谱仪 MODIS 空间分辨率为 1 km × 1 km,观测频次为 2 次/d,适用于火情监测,并已经在全球火情监测上发挥了重要作用。

3. Suomi NPP、JPSS1(NOAA20)VIIRS

Suomi NPP 卫星和 JPSS1(NOAA20)VIIRS 卫星是由美国国家航空航天局 NASA 和美国国家海洋大气管理局 NOAA 及美国空军联合研制的新一代对地观测卫星。它是高分辨率辐射仪 AVHRR 和地球观测系列中分辨率成像光谱仪 MODIS 系列的拓展和改进。VIIRS 数据可用来测量云量和气溶胶特性、海洋水色、海洋和陆地表面温度、海冰运动和温度、火灾和地球反照率。气象学家使用 VIIRS 数据来提高对全球温度变化的了解。其搭载的可见光红外成像辐射仪 VIIRS 传感器,空间分辨率为 375 m × 375 m,观测频率为 2 次/d,可收集陆地、大气、冰层和海洋在可见光和红外波段的辐射图像,对地面小火敏感度很高,非常适合小火点的监测。

4. NOAA AVHRR

NOAA AVHRR 卫星是美国国家海洋大气局的第三代实用气象观测卫星,NOAA18、NOAA19 分别于 2005 年 5 月 1 日和 2009 年 2 月 6 日发射成功,其搭载的甚高分辨率扫描辐射计 AVHRR 传感器,空间分辨率为 1.1 km × 1.1 km,观测频率为 2 次/d,可以观测云的分布、地表(主要是海域)的温度分布,非常适用于森林易燃区监测。

5. FY - 3 VIRR

FY - 3 VIRR 气象卫星是为了满足中国天气预报、气候预测和环境监测等方面的迫切需求建设的第二代极轨气象卫星,由三颗卫星(FY - 3A 卫星、FY - 3B 卫星、FY - 3C 卫星)组成,分别于 2008 年 5 月 27 日、2010 年 11 月 5 日及 2013 年 9 月 23 日发射成功。其搭载的可见光红外扫描辐射仪 VIRR 是 FY 系列气象传感器,空间分辨率为 1.1 km × 1.1 km,观测频率为 2 次/d,对森林易燃区监测有较好的效果。

6. HJ - 1B IRS

HJ - 1B IRS 卫星是环境与灾害监测预报小卫星星座的一颗卫星,由我国自主研发,于 2008 年 9 月 6 日成功发射。其搭载的红外相机即 IRS 传感器可完成对地幅宽为 720

km、地面像元分辨率为 150 m/300 m、近短中长 4 个光谱谱段的成像,重访时间为 4 d。因具备对温度较为敏感的波段,对森林易燃区监测有着辅助支持作用。

4.1.3.4　研究内容

近年来,基于遥感图像进行分析来监测火情的技术开始倍受人们的关注,在当前的森林火情监测业务中,我国主要使用 MODIS、NOAA 和 FY - 3 数据,对大范围的森林进行实时火灾监测。此次研究主要是依托多种国内外卫星遥感数据而搭建的一套森林火情监测分析模型,主要根据不同卫星的数据特点和适用范围,开展森林易燃区火情监测的工作研究,同时研究森林易燃区的区域变化与干旱区域变化之间的联系。下面以 TERRA / AQUA 卫星的 MODIS 数据和 HJ - 1B 卫星的 IRS 传感器数据为例,分别介绍森林易燃区火点信息的提取方法。

1. 基于 MODIS 数据的火点信息提取方法

研究方法源于火灾辐射物理基础的 MODIS 火点自动提取算法,算法适用于白天,但在方程中给出了昼夜阈值。

进行火点信息提取具体步骤如下。

1)云点去除

在对陆地像元提取火点信息时,用 MODIS 的云检测算法确定云,如果云在 0.64 μm 的反射率大于 0.2,则被认为无辐射信号透出,排除该像元点。扫描角限制在 45°之内。

2)大气纠正

对 4 μm 和 11 μm 通道数据利用 6S 辐射传输模型进行大气纠正。

3)火点检测

满足以下两个条件中任一个条件的像元,都被认为是火点。$T_4 > 360$ K(夜间为 330 K);$T_4 > 320$ K(夜间为 315 K)且 $\Delta T_{41} > 50$ K(夜间为 20 K)。

4)高温点检测

介于以下两条件之间的像元为高温点,需利用背景温度辅助判断:

$$T_4 > T_{4b} + 5\delta T_{4b} \text{ 和 } \Delta T_{41} > \Delta T_{41b} + 5\delta \Delta T_{41b}$$

5)耀斑的滤除

如果 0.64 μm 和 0.86 μm 两个通道的反射率都大于 0.3(相当于 4 μm 通道的亮温达 312K),且耀斑角小于 40°,则该像元为非火点。

6)异常高温点检测

在高温点中剔除常年高温点,常年高温点以人工热源为主,利用火点数据库中的背景数据进行筛选剔除。满足以下条件,则为常年高温点:

$$F_1(x, y) = F(x, y)$$

7)火点区域综合

由于 MODIS 的空间响应函数为三角形,在扫描探测中同一火点可能被两个相邻的像元同时描述,尤其是对于强火点。像元火点值达到火点温度的每一个像元,其大小等同于图像的空间分辨率。像元火点的个数不等于实际火点数,火点构成有两种情况,一是连通的像元火点区域,二是单一的像元火点。火点区域综合根据像元火点的连通性进行计算机火点区域合并,单一像元火点不进行综合。

模型中,T_4 表示第 4 通道的亮温值,T_{4b} 表示第 4 通道的背景亮温值(背景窗中第 4 通道的亮温平均值)。δT_{4b} 表示背景窗中第 4 通道的标准偏差,$\Delta T_{41} = T_4 - T_{11}$($T_{11}$ 表示 11 μm 通道的亮温值),ΔT_{41b} 表示背景窗中 ΔT_{41} 的平均值,$\delta \Delta T_{41b}$ 表示在背景窗中 ΔT_{41} 的标准偏差。并且 δT_{4b} 和 $\delta \Delta T_{41b}$ 不能小于 2 K,如果小于 2 K,则用 2 K 来代替。5 为背景系数。背景有关的信息(T_{4b},δT_{4b},ΔT_{41b},$\delta \Delta T_{41b}$)是根据以待判断像元为中心的背景窗来计算。在背景窗的选取中,必须满足:非能量点像元的个数在背景窗中大于 25 %。根据这一条件来调整背景窗的大小。在选取背景窗的时候,滤除能量点的条件:$T_4 > 320$ K(夜间为 315 K)和 $T_{41} > 50$ K(夜间为 20 K)。x,y 为火点的经纬度。

2. 基于 HJ – 1B 卫星数据的火点信息提取方法

基于 HJ – 1B 卫星数据的火点信息提取方法与 MODIS 数据的处理方法有许多相似之处,HJ – 1B 是我国研发的用于监测环境污染和生态状况等方面的中分辨率卫星,它搭载了一个红外相机 IRS,IRS 的第三波段范围为 3.5 ~ 3.9 μm,正好位于热红外遥感的短红外谱段,对火灾等高温目标比较敏感。IRS 的第 4 波段的波谱范围为 10.5 ~ 12.5 μm,与 MODIS 的第 31 通道的光谱范围接近,因此 HJ – 1B 卫星的 IRS 数据非常适合与森林火点的检测和识别。

从图 4-5 可以看出 HJ – 1B 卫星的 IRS 数据火点信息提取模型主要为以下三个方面:

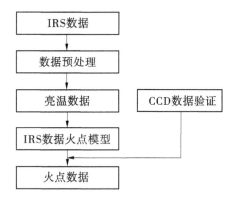

图 4-5　IRS 数据火点提取模型

(1)数据预处理。

首先对第 1、2、3 波段重采样为空间分辨率与第 4 波段空间分辨率相同,均为 300 m。运用 IRS 数据文件进行大气校正,并分别计算第 1、2 波段的地表反射率与第 3、4 波段的亮温值。

(2)基于 IRS 数据火点模型提取火点信息。

将预处理后的数据输入进 IRS 数据的火点模型中得到火点数据。

（3）火点数据验证。

将得到的火点数据初步结果与 CCD 数据中的数据产品进行融合比较，采用人工判读的方式进行验证核查，得到最终的火点数据。

数据预处理和基于 IRS 数据火点模型提取火点信息是本次模型建立的关键步骤，其 IRS 数据的火点模型与 MODIS 数据的火点模型处理方式具有共性。具体流程如下：

（1）云点去除。

云点在中红外波段的亮温值在晴朗天气中较高，因此只需满足 IRS 数据的第 1 波段反射率大于 0.6 或第 4 波段的亮温值小于 265 K，即可判定为云点。

（2）NDVI 获取森林植被覆盖区域。

森林火灾发生在具有植被覆盖的易燃区域，因阳光直射造成的裸露的岩石和砂砾等高反射目标易形成"伪火点"，造成火点提取信息的干扰误判。为了避免此类状况的发生，采用 NDVI 方法提取森林覆盖区域，利用掩膜对于覆盖区域进行选择。

（3）计算火点亮温数据。

首先计算出 IRS 数据的辐射亮度 B_λ：

$$B_\lambda = \frac{DN}{g} + L_0$$

单位为 $W \cdot \mu m^4 \cdot m^{-2} \cdot Sr^{-1}$。

将辐射亮度值代入普朗克公式中，即可得到亮温值 T_{sensor}：

$$T_{sensor} = \frac{c_2/\lambda}{\ln\left(\dfrac{c_1}{B_\lambda \, \lambda^5} + 1\right)}$$

其中，$c_1 = 2h\,c^2 = 1.19104 \times 10^8 W \cdot \mu m^4 \cdot m^{-2} \cdot Sr^{-1}$，$c_2 = \dfrac{hc}{k} = 1.438\,77 \times 10^4 \mu m$。

（4）最小二乘拟合建立火点模型。

当发生火灾时，火点周围的亮温值会出现异常高于常温地物，或者说，火灾发生之前该地区的亮温值一般是常温值。因此，选用火灾前后两期的 HJ – 1B IRS 亮温数据进行最小二乘法拟合，将拟合误差较大的异常温度点判定为潜在火点。通过多期数据的统计分析，建立不同地区的火点模型。

（5）基于 CCD 数据验证获取最终火点信息。

通过以上方法获得的潜在火点区域与 CCD 数据中的人工干预数据进行进一步的验证处理，得到最终的火点信息。因 IRS 数据的第 3 段波段对于温度的敏感性，可选用第 3 波段进行拟合分析，进一步判定火点的正确性。

如果没有发生火灾，同一季节同区域的两期 IRS 亮温值应是具有很高相关性的，因此采用此方法对于火灾发生时的温度异常点检测就相对容易许多。

4.1.3.5　研究区域简介

　　安徽省地处华东地区,地理位置东经 114°54′~119°37′,北纬 29°41′~34°38′。作为全国林业大省之一,安徽省森林面积达 395.85 万 hm²,森林覆盖率达 28.65%;省级自然保护区达 110 处,面积达 77.49 万 hm²,占全省国土面积的 5.55%。因地跨长江、淮河、新安江三大流域,将全省分为淮北平原、江淮丘陵、皖南山区三大自然区域,拥有丰富的水系环和丰富的林业资源。安徽省森林主要属于亚热带常绿阔叶林区,森林树种包括:壳斗科较为常见(麻栎、栓皮栎、青冈栎、板栗等)、松树(马尾松、湿地松、火炬松)、杉树、毛竹、樟树、栾树、枫香、鹅掌楸、杨树(全是人工林)、槐树、香(臭)椿、石楠。在江淮丘陵区和沿江平原大范围的植物主要为湿地松、池杉、落羽杉等,皖南山区主要以马尾松为主。此类壳斗科、松木和杉木所含有的树脂较高,进入夏秋季,旱情的加剧、落叶数量的增加加剧了易燃物的存储量。若旱情延发至秋冬季节,伴随着树木本身进入落叶期,树木由于冬季枯落物非常易燃,且皖南山区一带存在大片的马尾松纯林,本身树脂较高,一旦起火很难控制,森林易燃区火情数量也会随之上升。受到皖北温带季风气候和皖南亚热带季风气候影响,全省降水情况具有明显的季节变化性,夏秋季降水量占全年降水量的比重较大,春冬季降水相对较少。因此,降水的不稳定性导致夏秋季水旱灾害频发,严重威胁人民生命财产安全,对社会经济发展产生诸多不良影响。2019 年 8 月下旬以来,受降水持续偏少、缺少有效降水、气温持续偏高影响,安徽省遭遇近 40 年最严重的伏秋连旱,11 月中旬干旱程度达过程最重,全省大部维持重等以上气象干旱,沿淮至江南北部普遍特旱。2019 年,安徽全省平均无降水日数为 88 d,偏多 15 d,为 1961 年以来同期最多。全省平均最长连续无降水日数 29 d,偏多 10 d,为 1961 年以来同期第二长。持续干旱造成安徽省各地陆续出现不同情况的火情,且火情数目呈现逐渐上涨的趋势。

4.2　旱情监测指标

4.2.1　旱情监测典型指标

　　影响干旱的因素很多,造成干旱的原因不同,各地气候、地理条件差异很大,目前难以采用全国统一的干旱评判标准。

4.2.1.1　单一干旱指标

1. 气象干旱指标

1) 连续无雨日数

连续无雨日数指作物在正常生长期间,连续无有效降雨的天数。本指标主要指作物在水分临界期(关键生长期)的连续无有效降雨日数。作物生长需水关键期连续无有效降雨日数与干旱等级关系见表4-3。

表4-3　作物生长需水关键期连续无有效降雨日数与干旱等级关系　　　（单位:d)

地域	轻度干旱	中度干旱	严重干旱	特大干旱
南方	10 ~ 20	21 ~ 30	31 ~ 45	>45
北方	15 ~ 25	26 ~ 40	41 ~ 60	>60

2)降水距平或距平百分率

距平指计算期内降雨量与多年同期平均降雨量的差值,距平百分率指距平值与多年平均值的百分比值。

中国中央气象台:单站连续三个月以上降水量比多年平均值偏少25% ~ 50%为一般干旱,偏少 50% ~ 80%为重旱;连续两个月降水偏少50% ~ 80%为一般干旱,偏少 80%以上为重旱。多站降水距平百分率干旱指标可参照表4-4确定。

表4-4　区域降水距平百分率与相应的干旱等级　　　　　　　（%）

旱期	轻度干旱	中度干旱	严重干旱	特大干旱
1 个月	− 75 ~ − 85	< − 85		
2 个月	− 40 ~ − 60	− 61 ~ − 75	− 76 ~ − 90	< − 90
3 个月	− 20 ~ − 30	− 31 ~ − 50	− 51 ~ − 80	< − 80

3)干燥程度

用大气单个要素或要素组合反映空气干燥程度和干旱状况。如温度与湿度的组合,高温、低湿与强风的组合等,可用湿润系数反映。湿润系数计算公式如下:

$$K_1 = r/0.10 \sum T$$

式中,$\sum T$ 为计算时段 0 ℃以上活动积温,℃/d;r 为同期降水量,mm。

$$K_2 = 2r/E$$

式中,E 为小型蒸发皿的水面蒸发量,mm;r 为同期降水量,mm。计算时,请参考当地的有关数据。

干燥程度与干旱等级的划分见表4-5。

表4-5　干燥程度与干旱等级的划分

干旱等级	轻度干旱	中度干旱	严重干旱	特大干旱
湿润系数 K_1	1.00 ~0.81	0.80 ~0.61	0.60 ~0.41	≤0.40
湿润系数 K_2	1.00 ~0.61	0.60 ~0.41	0.40 ~0.21	≤0.20

2. 水文干旱指标

1) 水库蓄水量距平百分率

水库蓄水量距平百分率计算

$$Ik = (S - S_0)/S_0 \times 100\%$$

式中,S 为当前水库蓄水量,万 m^3;S_0 为同期多年平均蓄水量,万 m^3。

水库蓄水量距平百分率与干旱等级见表4-6。

表4-6　水库蓄水量距平百分率与干旱等级　　　　　　　　（%）

干旱等级	轻度干旱	中度干旱	严重干旱	特大干旱
水库蓄水量距平百分比 Ik	$-10 \sim -30$	$-31 \sim -50$	$-51 \sim -80$	< -80

2) 河道来水量(本区域内较大河流)的距平百分率

河道来水量(本区域内较大河流)的距平百分率公式:

$$Ir = (R_w - R_0)/R_0 \times 100\%$$

式中,R_w 为当前江河流量,m^3/s;R_0 为多年同期平均流量 m^3/s。

河道来水量距平百分率与干旱等级见表4-7。

表4-7　河道来水量距平百分率与干旱等级　　　　　　　　（%）

干旱等级	轻度干旱	中度干旱	严重干旱	特大干旱
河道来水量距平百分比 Ir	$-10 \sim -30$	$-31 \sim -50$	$-51 \sim -80$	< -80

3) 地下水埋深下降值

地下水埋深下降值公式:

$$D_r = D_w - D_0$$

式中,D_w 为当前地下水埋深均值,m;D_0 为上年同期地下水埋深均值,m。

地下水埋深下降程度见表4-8。

表4-8　地下水埋深下降程度　　　　　　　　（单位:m）

下降程度	轻度下降	中度下降	严重下降
地下水埋深下降值 D_r(m)	0.10~0.40	0.41~1.0	>1.0

3. 农业干旱指标

1) 土壤相对湿度

土壤相对湿度公式:

$$R_w = W_c/W_0 \times 100\%$$

式中,R_w 为土壤相对湿度(%);W_c 为当前的土壤重量或体积含水量(%);W_0 为与 W_c 相同单位的田间持水量(%)。

（播种期土层厚度按 0 ~ 20 cm 考虑;生长关键期按 0 ~ 60 cm 考虑）

土壤相对湿度与农业干旱等级见表4-9。

表4-9　　土壤相对湿度与农业干旱等级 （%）

干旱等级	轻度干旱	中度干旱	严重干旱	特大干旱
砂壤和轻壤 RW	55 ~ 45	46 ~ 35	36 ~ 25	< 25
中壤和重壤 RW	60 ~ 50	51 ~ 40	41 ~ 30	< 30
轻到中黏土 RW	65 ~ 55	56 ~ 45	46 ~ 35	< 35

2）作物受旱（水田缺水）面积百分比

作物受旱（水田缺水）面积百分比公式：

$$S_z = A_c / A_1 \times 100\%$$

式中，A_c 为区域内作物受旱（水田缺水）面积，万亩；A_1 为区域内作物种植（水田）总面积，万亩。

作物受旱面积占总作物面积的百分比率与干旱等级见表4-10。

表4-10　　作物受旱面积占总作物面积的百分比率与干旱等级 （%）

干旱等级	轻度干旱	中度干旱	严重干旱	特大干旱
成灾面积比 S_z	10 ~ 20	21 ~ 40	41 ~ 60	> 60

3）水田缺水率

水田缺水率公式：

$$W_1 = (Q_0 - Q_1) / Q_0 \times 100\%$$

式中，Q_1 为区域内各类水利工程能提供水稻灌溉的可用水量，万 m^3；Q_0 为区域内水稻灌溉需水量，万 m^3。

水田缺水率与干旱等级见表4-11。

表4-11　　水田缺水率与干旱等级

干旱等级	轻度干旱	中度干旱	严重干旱	特大干旱
水田缺水率 W_1（%）	10 ~ 30	31 ~ 50	51 ~ 80	> 80

4）饮水困难指标

农村人畜饮水困难指标定义如下：

$$Y = R_k / R_z \times 100\%$$

式中, R_k 为因旱造成农村临时饮水困难人(畜)数,万人(万头); R_z 为农村受旱地区人(畜)总数,万人(万头)。

农村人畜饮水困难标准指居民点到取水点的水平距离大于 1 km 或垂直高差超过 100 m,正常年份连续缺水 70 ~ 100 d;人均日生活供水量正常年份为 20 ~ 35 L,干旱年份为 12 ~ 20 L;水质达到国家规定的生活饮用水标准。

5)生态干旱指标

因目前干旱对生态环境造成的影响研究较少,涉及植被、水文、土壤等各个方面,各地情况差异很大,建议用文字进行描述。

6)城市干旱指标

城市干旱指标可用缺水率来表示公式

$$P = \left[(C_x - C_g)/C_x \right] \times 100\%$$

式中, C_x 为城市正常日供水量,万 m^3 ; C_g 为干旱时期城市实际日供水量,万 m^3 。

城市干旱缺水程度见表 4-12。

表 4-12　城市干旱缺水程度　　　　　　　　　　　(%)

干旱程度	轻度	中度	重度
缺水率 P	5 ~ 10	11 ~ 20	>20

4.2.1.2　综合干旱指标

利用综合指数对干旱进行评判,目前多在探讨阶段,推荐几个指标体系供交流或试用。

1. 农业区的多重降水距平率的计算方法

该方法可用于很少灌溉的山区和雨养农业区的当前干旱程度评估,如内蒙古及长城沿线旱作区、黄土高原旱作区以及南方的丘陵山区。各区域还须根据各地情况确定具体的算法和权重以得出等级指标。它可以很好地反映气候干旱对农业生产和社会生活的影响,不足之处是不能反映一次降水量过大时的径流损失和上游的补给,以及用水量增加引起的旱情变化。

$$R_{DRI} = f_1 \times DRI_1 + f_2 \times DRI_2 + f_3 \times DRI_3 + f_4 \times DRI_4 +$$
$$f_5 \times DRI_5 + f_6 \times DRI_6 + f_7 \times DRI_7$$

其中, $\sum f_i = 1$; DRI_1 为短期干旱指数; DRI_2 为中期干旱指数; DRI_3 为长期干旱指数; DRI_4 为年度干旱指数; DRI_5 为跨年度干旱指数; DRI_6 为连年干旱指数; DRI_7 为未来干旱指数。建议值: f_1 为 0.3, f_2 为 0.2, $f_3 \sim f_7$ 均为 0.1。

1)短期干旱指数

$$DRI_1 = \left[(R_{f1} - R_{m1})/R_{m1} + (k_1 - 1) \right] /2$$

式中，R_{f1}、R_{m1}和k_1分别为评估前 1 个月的实际降水量、历年该月平均降水量和当前该月湿润指数，后者可用降水量与热量的比值表示。

为方便使用，热量条件可采用多年平均值：$k_1 = b \times R_{f1}/(T_{1m} + a)$。其中，$a$、$b$ 为经验系数，T_{1m}为月平均气温，经调整使k_1在月水分供求平衡为 1。

2）中期干旱指数

$$DRI_2 = [(R_{f3} - R_{m3})/R_{m3} + (k_3 - 1)]/2$$

式中，R_{f3}、R_{m3}和k_3分别为评估前 3 个月实际降水量、历年该 3 个月平均降水量和当前 3 个月的湿润指数。

后者计算方法与当月类似，气温取 3 个月的平均温度之和。

3）长期干旱指数

$$DRI_3 = (R_{f6} - R_{m6})/R_{m6}$$

式中，R_{f6}和R_{m6}分别为评估前 6 个月实际降水量和历年该 6 个月的平均降水量。

4）年度干旱指数

$$DRI_4 = (R_{f12} - R_{m12})/R_{m12}$$

式中，R_{f12}和R_{m12}分别为前 1 年（12 个月）实际降水量和历年平均降水量。

5）跨年度干旱指数

$$DRI_5 = (R_{f24}/2 - R_{m24})/R_{m24}$$

式中，R_{f24}和R_{m24}分别为前 2 年（24 个月）实际降水量和历年平均降水量。

6）连年干旱指数

$$DRI_6 = (R_{f36}/3 - R_{m36})/R_{m36}$$

式中，R_{f36}和R_{m36}分别为前 3 年（36 个月）实际降水量和历年平均降水量。

7）未来干旱指数

$$DRI_7 = [(R_{fn} - R_{mn})/R_{mn} + (k_n - 1)]/2$$

式中，R_{fn}、R_{mn}和k_n分别为今后一个月的预测降水量、历年该月平均降水量和预测该月的湿润指数。各区域须根据各地的情况确定具体的算法、权重和等级指标。

8）干旱指数的简化计算

如果一个地区常年降水条件下不出现干旱，即假设农业生产和其他用水已适应当地的气候条件，可采用最简便的方法计算干旱指数：

$$DRI = (R_{3i} - R_{3m})/R_{3m}$$

其中，R_{3i}为当年当时前 3 个月的降水量；R_{3m}为同期 30 年以上的平均降水量。

以综合干旱指数表示的干旱等级划分见表 4-13。

表 4-13　以综合干旱指数表示的干旱等级划分

干旱等级	轻度干旱	中度干旱	严重干旱	特大干旱
综合干旱指数 DRI	−0.05～−0.25	−0.26～−0.50	−0.51～−0.75	< −0.75

2. 补充灌溉区的干旱指标——四水距平率的计算方法

降水、土壤水、地表水和地下水的四水平衡体系可应用于以农业生产为主,生产中又需要用到地表水或地下水灌溉的区域,如东北平原南部、黄淮海平原和南方的水田。

$$DRI_r = f_1 \times DRI_1 + f_2 \times DRI_2 + f_3 \times DRI_3 +$$
$$f_4 \times DRI_4 + f_5 \times DRI_5 + f_6 \times DRI_6 + f_7 \times DRI_7$$

式中,$\sum f_i = 1$,各分项的计算方法如下。

1)年度气候干旱指数

$$DRI_1 = (R_{f12} - R_{m12})/R_{m12}$$

式中,R_{f12} 和 R_{m12} 分别为前 1 年(12 个月)实际降水量和历年平均降水量。

2)土壤干旱指数

$$DRI_2 = (W_C - W_s)/(0.8 \times W_0 - W_s) - 1$$

式中,W_C 为平均土壤含水量;W_s 为凋萎湿度;W_0 为田间持水量,均以体积含水量表示。

3)地表水供水短缺指数

$$DRI_3 = \left[(T_i - W_0)/(T_m - W_0) \right] - 1$$

式中,T_i 为当前区域地表水资源总量,包括河流和水库、塘坝等;W_0 为用水量,包括维持河道不断流和冲淤的必要流出量、湖库死水位量、留量、已污染水量等;T_m 为多年平均地表水量。

4)地下水变动指数

$$DRI_4 = f \times (DLm - DLi)$$

式中,DRI_4 为地下水埋深变化对干旱程度的影响指数;DLi 为最近一次测定的平均地下水埋深,DLm 为同期 5 年平均值或其他参照值;F 为调节系数,根据各地地下水影响程度而异,其确定原则为地下水埋深变化达到最大时使 DRI_4 在 -1 和 1 之间。

5)前期干旱指数

$$DRI_5 = \left[(R_{f3} - R_{m3})/R_{m3} + (k_3 - 1) \right]/2$$

式中,R_{f3}、R_{m3} 和 k_3 分别为前 3 个月实际降水量、历年该 3 个月平均降水量和当前该 3 个月湿润指数;k_3 计算方法参照 4.2.1.1 中"1. 气象干旱指标"选择区域内代表点采用 3 个月的温度和降水量计算。

6)未来干旱指数

$$DRI_6 = \left[(R_{fn} - R_{mn})/R_{mn} + (k_n - 1) \right]/2$$

式中,R_{fn}、R_{mn} 和 k_n 分别为后 1 个月预测降水量、历年该月平均降水量和预测该月湿润指数。选择区域内的代表点计算,k_n 计算方法参照 2.1 和 1.1.3 计算进行。

补充灌溉区的干旱指标以综合干旱指数表示的干旱等级划分见表 4-14。

表 4-14　补充灌溉区的干旱指标以综合干旱指数表示的干旱等级划分

干旱等级	轻度干旱	中度干旱	严重干旱	特大干旱
综合干旱指数 $DRIr$	$-0.05 \sim -0.25$	$-0.26 \sim -0.50$	$-0.51 \sim -0.75$	< -0.75

4.2.2　旱情遥感监测指标

干旱是一种缓变的现象,其严重程度也随着水分亏缺逐渐积累表现出不同的旱象及影响,为旱情的监测和早期预警提供了方便和可能。旱情监测方法分为地面监测方法和空间监测方法。地面监测方法是利用地面观测点的数据,通过统计分析进行旱情监测。而干旱灾害的发生具有显著的时空特性。旱情空间特性是指干旱发生在某一个区域范围内,受影响的是一个面而非一个点;时间特性是指干旱的发生也具有显著的季节性与周期性。传统的干旱监测是利用气象和水文观测站获得的降水、气温、蒸发、径流等气象和水文数据,以及农业气象观测的墒情,依据各种干旱指标进行监测。土壤水分是表征干旱的重要因子,更是衡量干旱程度的重要指标。由于测点少,反映的是测量站点的土壤水分信息,而非面上土壤水分的总体状况,仅靠常规站点的观测还不能了解干旱发生发展过程的全貌,特别是在站点稀疏的地区,难以满足抗旱决策对面上灾情信息快速了解的需求。因而,传统的地面监测方法不能及时快速地获取旱情信息并准确监测、预报。

遥感作为一门新兴的科学技术被广泛引入了干旱研究中,空间监测方法是随着卫星遥感技术的发展而来并逐渐趋于成熟,为干旱的研究注入了新活力。遥感技术具有覆盖范围广、实时性强、持续动态对地观测、识别能力强的特点,通过测量土壤表面反射或发射的电磁能量,探讨遥感获取的信息与土壤湿度之间的关系,能够准确定量监测土壤水分和诊断植被生长状态异常来开展气象、农业、生态干旱的时空动态监测。遥感监测土壤湿度不仅可以得到土壤湿度时空分布特征及动态变化情况,具有大范围、实时、快速、高效、客观、成本低的优势。在一定程度上克服了基于气象站、农业生态站、水文气象站等现有的观测台站网进行干旱监测,存在站点稀疏、代表范围有限、观测时空不连续等缺陷。

随着遥感技术的迅速发展,多时相、多光谱遥感数据从定性、定量等方面反映了大范围的地表信息,为实时动态的干旱遥感监测提供了有效的数据来源,为旱情监测开辟了全新的途径。卫星从太空遥感地球,大大扩展了人类认识地表的视角、空间尺度,将传统"点"的测量扩展为"面"的信息,提供了云、降水、土壤水分、蒸散量、植被的生理生态状况、地表热状况等多个与干旱发展过程密切的参数,为大范围、快速、动态、精确了解旱情提供了丰富的信息,有效地弥补了离散站点监测空间和时间不连续、以点带面的不足。近30年来,随着全球对地观测技术的迅速发展,卫星遥感监测干旱技术取得了长足的进步,已经发展出多种遥感干旱(或土壤水分)监测模型,提出了数十种遥感干旱指数,并在各国干旱监测中得到有效应用。卫星遥感干旱监测已经成为全球抗旱减灾中不可或缺的手段。随着对连续的、高质量的、大范围特别是全球干旱数据需求的不断增加,基于站点的观测数据受到空间、时间等多种限制,往往难以满足日益增长的需求。近年来,3S 技术被广泛应用于干旱的监测与评估中,构建了基于 3S 的干旱风险区划、干旱跟踪评估、干旱灾后评估的技术体系。卫星遥感被认为是弥补这一不足的最佳手段,特别是在全球尺度上,提高干旱监测能力。

基于遥感开展干旱监测始于 20 世纪 60 年代。到 20 世纪 90 年代后期,随着全球范围监测的传感器和静止卫星平台的出现,干旱遥感监测进入了新纪元。星载传感器,例如MODIS(moderate resolution imaging spectroradiometer3、AMSR – E (advanced micro – wave scanning radiometer for earth observing system)、TRMM(tropical rainfall measuring mission)以及 GRACE (gravity recovery and climate experiment)能够获取近每天的空间分辨率从 250 m 到数百千米,波谱范围从可见光、红外到微波的全球数据以及重力场数据。这些遥感数据极大地促进了干旱遥感监测的革新。遥感可以提供近乎实时的高时空分辨率的数据,遥感干旱监测应向精细化方向发展,提高模拟参数精度。同时,遥感监测和地面观测数据支持的综合指数发展极为必要。

利用遥感进行旱情监测,遥感可以提供以下几个产品:①植被指数;②降水产品;③土壤湿度/含水量;④蒸散发;⑤地表水体面积。

4.2.2.1　植被指数

通常采用各种植被指数表征植被状态。植被指数通常选用对绿色植物强吸收的红光波段和高反射、透射的近红外波段。这两个波段不仅是植物光谱、光合作用中的最重要的波段,而且它们对同一生物物理现象的光谱响应截然相反,形成明显反差,这种反差随着叶冠结构、植被覆盖度而变化,因此可以对它们用比值、差分、线性组合等多种组合来增强或揭示隐含的植物信息。

目前,应用最广泛的植被指数是归一化植被指数 NDVI。NDVI 可以描述植被水分含量,表征植被健康状况,同时与降水、热量等环境参数具有密切关系。当干旱发生时,土壤水分含量降低,植被受到水分胁迫影响,植被健康状况会发生变化,因此可以用 NDVI 监测植被状态,间接表征干旱严重程度。另外,也有很多学者研究了 NDVI 与降水量及土壤水分之间的关系,NDVI 被广泛应用于旱情监测。

NDVI 以及 NDVI 衍生的一些指数已经被广泛用于干旱监测,但是这些指数也有一些局限性。首先,在植被冠层浓密的区域,NDVI 容易出现饱和现象;在比较湿润的生态系统中,土壤湿度不会限制植被生长。当出现干旱情况下,季节间 NDVI 差异很小,无法准确识别出干旱事件。另外,在植被稀少的半干旱区,土壤背景对 NDVI 影响很大。

4.2.2.2　降水产品

无论哪种类型的干旱均与降水亏缺有关,因此准确及时地估算降水量是干旱监测的有效途径。以前估算降水量主要采用雨量站和早期雷达测雨的方法。这两种方法估算降水误差较大,实时性也较差。目前,采用 WSR - 88D 雷达测雨和雨量观测网来估算降水。

1. 基于 WSR - 88D 的降水估算

WSR - 88D 降水算法相比之前的雷达系统有明显的提高,其覆盖范围大(半径 230 km)、实时性好,在水文、干旱等领域都有很大的发展空间。但基于雷达估算降水量也受到很多因素的限制,如雷达反射率校准、信号衰减、极化、适应性参数调整、波束阻挡等。

2. 基于雨量观测网的降水估算

基于雨量观测网的降水估算,有两种方式:一种是实时站点,每 15 min 传送一次数据;另一种为每 24 h 报告一次降水信息。前者虽然实时性较好,同时误差也相对较大;后者在实时性方面不如前者。

1)基于卫星数据的降水估算

基于雨量站的降水量估算受到站点数的限制;基于雷达的估算在山区等地受到覆盖范围的限制。因此,也体现基于卫星数据降水估算的重要性。基于卫星遥感数据估算降水的算法主要有 TRMM、CMORPH(CPC MORPHing)、PERSIANN(precipitation estimation from remotely sensed information using artificial neural networks)。

2)多传感器的降水估算系统(MPE)

多传感器降水估算处理系统的目的是将 WSR - 88D 产品的每小时的原始降水数据,结合其他质量控制数据(雨量站、卫星数据)进行误差改进,形成比较准确的降水数据。通过利用雨量站、雷达以及多传感器的降水估算,可以获得时空连续、近实时的降水数据,进而可用于干旱监测。

旱情监测指标包括 SPI、降水距平、百分率等。利用栅格单元的降水数据计算得到的 SPI 指数,数据更加连续,可用于县/区尺度上的干旱监测。

4.2.2.3 土壤湿度/含水量

土壤湿度/含水量是土壤中包含水分的比例,主要用于描述干旱灾害的地表参数。土壤湿度变化会改变其反射率、发射率、介电常数和温度等特性,从而导致土壤表面电磁辐射强度发生变化,因此通过测量土壤电磁辐射强度便可对土壤水分进行遥感监测。基于土壤温度随土壤含水量的变化而变化的特性,利用热红外波段遥感进行地表温度产品的反演,间接开展土壤水分胁迫的监测。依据土壤水分含量不同导致土壤介电常数的差异,利用微波后向散射特征估算土壤湿度。

1. 土壤湿度光学反演

1)可见光 - 近红外波段

可见光 - 近红外波段遥感监测土壤湿度主要基于土壤的反射特性会随水分含量变化而变化,同时表面粗糙度、土壤结构、有机质含量等因素也会影响地表反射率,导致通过土壤光谱反射差异来估算土壤湿度的高低。土壤水分光谱法是基于遥感反演光学植被盖度,采用分解像元排除法获取土壤水分光谱信息。通过构建基于可见光 - 近红外波段的各种植被遥感指数,进而建立遥感指数与土壤含水量之间的线性或非线性拟合关系来估计土壤含水量。

2）热红外波段

热红外波段对常温反应灵敏,土壤温度与湿度关系密切,因此热红外遥感数据中也包含了土壤含水量的信息。热惯量是物质热特性的一种综合量度,反映了物质与周围环境能量交换的能力。热惯量指数监测旱情基本原理:当土壤干燥时,昼夜温差大,而土壤含水量高时,昼夜温差小。只要用遥感方法获得 10 d 内土壤的最高温度和最低温度,通过模型就可以计算出土壤含水量。热惯量指数是进行旱情监测的重要参数,由土壤温度参数反演生成,可用热惯量指数和土壤湿度指数综合衡量旱情,是旱灾火灾环境的重要描述指标。热惯量法主要用于裸露土壤。

2. 土壤湿度微波反演

利用微波遥感反演土壤湿度的原理是土壤的介电常数对含水量的敏感程度。某种介质的介电常数用来描述电磁波在介质内的传播和衰减情况。而利用微波获取的数据可以建立与介电常数之间的关系。因此,利用微波数据可以对土壤湿度进行反演。

微波传感器分为主动和被动两种。用于土壤湿度反演的主动微波传感器主要有 SIR – C（spaceborne imaging radar – C）、ER5（european remote sensing）、Envisat（en – vironmental satellite）、ALOS（advanced land observing satellite）、QuikSCAT（QSCAT）。被动传感器有 SMMR（scanning multichannel microwave radiometer）, SSM/R（special sensor microwave radiometer）、TMITRMM microwave imagery、AMSR – E（advanced microwave scanning radiometer on the Earth observing system）、SMOS（soilmoisture and ocean salinity sensor）。

被动微波反演土壤湿度主要是建立亮温与土壤介电常数之间的关系,而介电常数与土壤湿度密切相关,进而得到土壤湿度。关于被动微波反演土壤湿度的综述见 Njoku 等（2003）的研究。主动微波遥感的土壤湿度反演主要通过 5AR 和散射计获得土壤后向散射系数,建立其与土壤湿度的经验关系得到。目前有很多理论模型来描述湿土的后向散射信号的特征,但是由于影响因素复杂,如地表粗糙度、土壤后向散射和植被体散射,以及植被与土壤间的相互作用、不同气候模式等,目前还不能建立可行的机制反演方法。根据反演得到的土壤湿度可以用来监测干旱,常用的干旱监测指标有 SMC（soilmoisture change）均值产品、最大值产品。

3. 地下水变化反演

近地表的土壤湿度状况受天气影响较大,限制了其作为干旱指标的可用性。目前,微波土壤湿度产品探测深度为 2 ~ 5 cm,其受植被影响较大。而深层土壤水分包括根部水分、地下水等,对于长期天气预测和气候差异具有重要价值,适合定量地描述干旱。现有地下水的观测资料不足,水文模型模拟精度受到输入参数和计算效率的影响。鉴于现有研究的局限性,近年来,卫星重力学用于干旱监测也是目前的研究热点。

利用卫星重力监测干旱的主要原理在于水团具有重力势能,当大量水团集中时,能够改变卫星轨道,如果能够精确获取卫星轨道参数,则可以获得地表水和地下水的分布特征。GRACE（gravity recovery and climate experiment）是目前唯一的测量重力场的卫星,由

NASA 和德国航空航天中心研制,发射于 2002 年 3 月 17 日。GRACE 包括两个串联的卫星,高度 450～500 km,二者相距 200 km。卫星之间有 K 波段的微波测距系统测量卫星因重力场变化导致的二者之间距离的变化,精度为 1 μm。

GRACE 数据的优势在于可以大范围测量地上及地下总的水储量的变化。但基于 GRACE 得的是总水储量 TWS(terrestrial water storage),包含地下水、地表水、雪、冰和植被生物量等信息,无法一一区分开。基于 GRACE 获得的水分数据是一个相对数据,一段时间内的水量变化数据。另外,其空间分辨率较低,约为 15 万 km。因此,往往结合数据同化的方法,将基于 GRACE 数据获得的陆地水分信息分解为各个分量。

目前,大部分干旱产品以及 PDSI 等干旱指数仅考虑土壤上层部分(小于 2 m),没有系统考虑土壤湿度、地下水等,不能全面反映干旱特征,特别是水文干旱情况。因此,同化 GRACE 数据进入支持地下水的地表模型作为新的干旱手段具有很好前景。

4.2.2.4　蒸散发

蒸散发(evapo transpiration,ET)是蒸发和植被蒸腾的总和,水分从地球表面到大气中的过程。土壤水分和植被覆盖是联系两者之间的纽带,一旦发生干旱,土壤水分减少,土壤蒸发降低,植被也因无法从根部吸收过多的土壤水分而导致蒸散发量相应减少,这样整个地表蒸散状况会降低。因此,蒸散发的变化与地表干旱有着密不可分的联系。水分、能量和水汽压是发生蒸散发的三个必需条件。气象学上按照这三个必要因素可将蒸散发分为水分平衡法、能量平衡法和微气象学法三种。Wang 和 Dickinson(2012)对全球地表蒸散发的观测、建模和气候差异做了非常翔实的综述。

常用的基于蒸散发的干旱监测指数有蒸散异常指数(ET anomalies index)、蒸散胁迫指数(evaporative stress index,ESI)、作物缺水指数等。

4.2.2.5　地表水体面积

在干旱严重时,河川湖泊水库等地表水体面积发生变化,因此地表水体面积变化程度可以用来衡量旱情的严重程度。随着近年来遥感数据的时空分辨率不断提高,遥感技术可以快速、高效、动态大范围地监测地表水体面积变化。在获取地表水体长时间监测数据基础上,通过构建水体指数或阈值法监测不同区域水体面积变化和典型地表水体变化等不同监测目标水体面积的变化,搭建不同水体面积变化–旱情等级监测模型,进行区域旱情严重程度的衡量。主要方法有阈值法、归一化差异水体指数法。

4.3 应用实例

4.3.1 水体面积变化监测

本节以安徽省数据较全的湖库数据为例,以 2014 年安徽省水利普查中湖泊面积和《安徽省大中型水库基本资料汇编》中大中型水库正常蓄水位对应面积为参考依据,开展基于水体面积变化的旱情遥感监测。

4.3.1.1 全省水体面积变化分析

(1)安徽省大部分湖泊和水库自 2019 年 6 月以来,水体面积均低于 2014 年水利普查中的湖泊面积和水库正常蓄水位对应的水体面积。

(2)安徽省大部分湖泊和水库自 2019 年 6 月以来,水体面积整体呈下降趋势。部分湖库由于受"利奇马"台风影响,水体面积有短暂上升趋势。

(3)数据较全的湖泊中,水体面积相较 2014 年水利普查中湖泊面积降幅高于 80% 的有沂湖,水体面积降幅为 70% ~80% 的有陈瑶湖,水体面积降幅为 60% ~70% 的有黄陂湖、城西湖、竹丝湖。此外,水体面积降幅高于 30% 以上的还有高塘湖、天河湖、焦岗湖、沱湖、龙子湖、芡河洼、四方湖、香涧湖、花园湖、花家湖、天井湖。

(4)大型水库中,水体面积相较水库正常蓄水位对应的水体面积均有较大降幅,降幅均高于 30%。降幅高于 60% 的有沙河集水库,降幅为 50% ~60% 的有佛子岭水库和黄栗树水库,降幅为 40% ~50% 的有大房郢水库、董铺水库和花凉亭水库。

(5)数据较全的中型水库中,水体面积相较水库正常蓄水位对应的水体面积均有较大降幅,降幅高于 60% 的有屯仓水库和东山水库,降幅为 50% ~60% 的有平阳水库、鹿塘水库、戎桥水库和夹山关水库,降幅为 40% ~50% 的有双河水库、花果水库、红丰水库、三湾水库、解放水库和钓鱼台水库。

4.3.1.2 淮河以北水体面积变化分析

淮河以北监测的湖泊有焦岗湖等 7 个湖泊,中型水库监测华家湖水库。

1. 湖库水体面积变化

1)焦岗湖

焦岗湖 6 月以来水体面积变化整体呈下降再回升趋势,11 月 6 日最小水体面积为 17.81 km^2,7 月 2 日最大水体面积为 22.32 km^2,最大水体面积与 2014 年水利普查数据相比减少 15.38 km^2,下降了 40.80%(见图 4-6)。

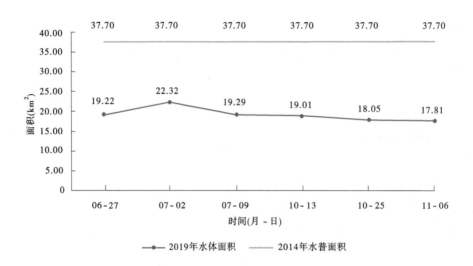

图 4-6　焦岗湖水体面积变化情况

2）八里湖

八里湖 6 月以来水体面积变化平稳，10 月 13 日最小水体面积为 11.16 km²，9 月 19 日最大水体面积为 12.51 km²，最大水体面积与 2014 年水利普查数据相比减少 3.69 km²，下降了 22.78%（见图 4-7）。

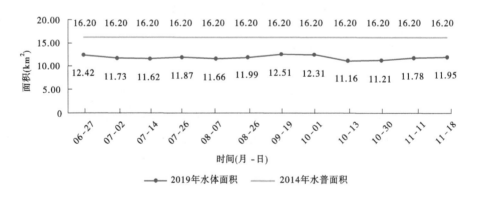

图 4-7　八里湖水体面积变化情况

3）花家湖

花家湖 6 月以来水体面积变化较为平稳，9 月 7 日最小水体面积为 8.97 km²，10 月 25 日最大水体面积为 12.77 km²，最大水体面积与 2014 年水利普查数据相比减少 12.13 km²，下降了 48.73%（见图 4-8）。

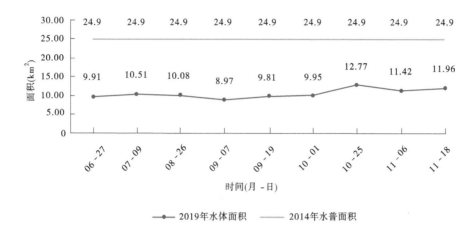

图 4-8　花家湖水体面积变化情况

4）沱湖

沱湖 6 月以来水体面积变化较为平稳,7 月 9 日最大水体面积为 33.77 km^2 ,8 月 2 日最小水体面积为 31.37 km^2,最大水体面积与 2014 年水利普查数据相比减少 21.03 km^2,下降了 38.37%(见图 4-9)。

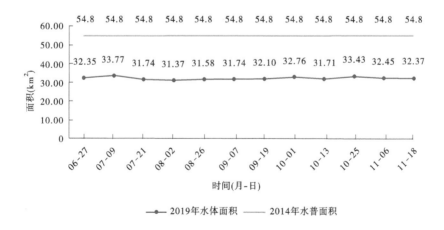

图 4-9　沱湖水体面积变化情况

5）四方湖

四方湖 6 月以来水体面积变化呈下降再回升趋势,6 月 27 日最大水体面积为 22.72 km^2,9 月 19 日最小水体面积为 14.77 km^2,最大水体面积与 2014 年水利普查数据相比减少 16.88 km²,下降了 42.63%(见图 4-10)。

图 4-10　四方湖水体面积变化情况

6)香涧湖

香涧湖 6 月以来水体面积变化整体呈下降再回升趋势,6 月 27 日最大水体面积为 37.07 km²,10 月 13 日最小水体面积为 26.31 km²,最大水体面积与 2014 年水利普查数据相比减少 21.13 km²,下降了 36.31%(见图 4-11)。

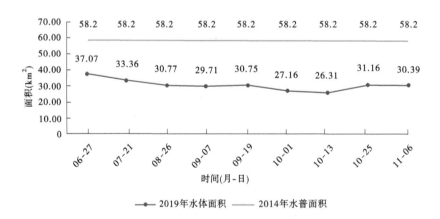

图 4-11　香涧湖水体面积变化情况

7)芡河洼

芡河洼 6 月以来水体面积变化较为平稳,7 月 9 日最大水体面积为 31.21 km²,后续呈下降后缓慢上升趋势,9 月 7 日最小水体面积为 26.68 km²,最大水体面积与 2014 年水利普查数据相比减少 22.49 km²,下降了 41.87% (见图 4-12)。

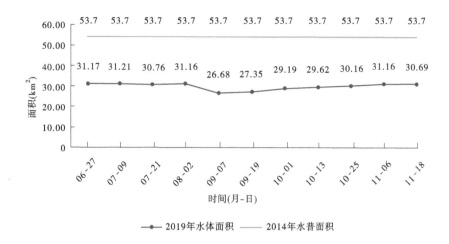

图 4-12　艾河洼水体面积变化情况

8)华家湖水库(中型)

华家湖水库 6 月以来水体面积变化呈上升再回落趋势,6 月 27 日最小水体面积为 1.38 km²,10 月 1 日最大水体面积为 2.2 km²,最大水体面积与正常蓄水位对应面积相比减少 1.77 km²,下降了 44.56% (见图 4-13)。

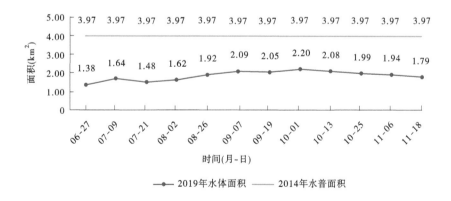

图 4-13　华家湖水库水体面积变化情况

2. 湖库最大水体面积降幅

经统计,湖泊水体面积均低于 2014 年水利普查面积,水库水体面积低于正常蓄水位对应面积。

从图 4-14 可以看出,湖泊中最大水体面积降幅 40% ~50% 的有焦岗湖、花家湖、四方湖和茨河洼,降幅 35% ~40% 的有沱湖和香涧湖,八里湖降幅相对较少为 22.78%;中型水库华家湖水库最大水体面积降幅为 44.56%。

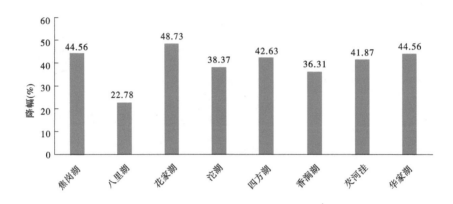

图 4-14　淮河以北湖库最大水体面积降幅

4.3.1.3　江淮之间水体面积变化分析

江淮之间监测的湖泊有巢湖等 16 个湖泊,大型水库有大房郢水库等 9 座水库,中型水库有双河水库等 23 座水库。

1. 湖库水体面积变化

1) 巢湖

巢湖 6 月以来水体面积变化较为平稳,9 月 7 日最小水体面积为 753.19 km^2,8 月 2 日最大水体面积为 762.08 km^2,最大水体面积与 2014 年水利普查数据相比减少 11.92 km^2,下降了 1.54% (见图 4-15)。

2) 瓦埠湖

瓦埠湖 6 月以来水体面积经历了一个由高到低再回升的过程,其中 8 月 26 日最小水体面积为 103.89 km^2,11 月 18 日最大水体面积为 137.60 km^2,增长了 33.71 km^2,最大水体面积与 2014 年水利普查数据相比减少 23.4 km^2,下降了 14.53% (见图 4-16)。

3) 黄陂湖

黄陂湖 6 月以来水体面积变化较为平稳,7 月以后一直维持在较低水平,6 月 27 日最大水体面积为 9.78 km^2,最大水体面积与 2014 年水利普查数据相比减少 19.12 km^2,下降了 66.16% (见图 4-17)。

4) 高塘湖

高塘湖 6 月以来水体面积呈下降再回升趋势,7 月下旬至 9 月上旬面积下降较大,8

图 4-15　巢湖水体面积变化情况

图 4-16　瓦埠湖水体面积变化情况

月 26 日最小水体面积为 17.41 km^2,11 月 6 日最大水体面积为 29.71 km^2,最大水体面积与 2014 年水利普查数据相比减少 28.79 km^2,下降了 49.22%(见图 4-18)。

5)天河湖

天河湖 6 月以来水体面积变化较为平稳,8 月 2 日最大水体面积为 13.53 km^2,8 月 26 日最小水体面积为 11.64 km^2,最大水体面积与 2014 年水利普查数据相比减少 6.57 km^2,下降了 32.69%(见图 4-19)。

6)龙子湖

龙子湖 6 月以来水体面积变化较为平稳,7 月 9 日最大水体面积为 5.30 km^2,11 月 6

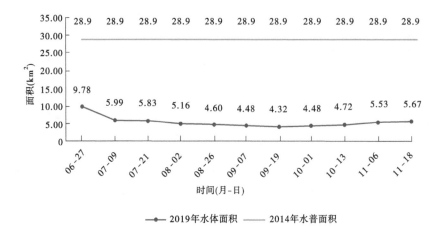

图 4-17　黄陂湖水体面积变化情况

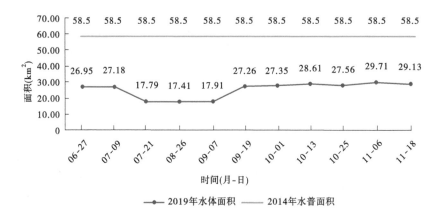

图 4-18　高塘湖水体面积变化情况

日最小水体面积为 4.23 km², 最大水体面积与 2014 年水利普查数据相比减少 5 km², 下降了 48.56%(见图 4-20)。

　　7)花园湖

　　花园湖 6 月以来水体面积呈下降再回升趋势, 8 月下旬至 9 月上旬面积下降较为明显, 9 月 7 日最小水体面积为 14.33 km², 10 月 25 日最大水体面积为 33.60 km², 最大水体面积与 2014 年水利普查数据相比减少 19.2 km², 下降了 36.37%(见图 4-21)。

　　8)女山湖

　　女山湖 6 月以来水体面积变化呈下降再回升趋势, 9 月 7 日最小水体面积为 68.87

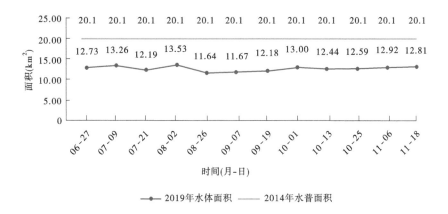

图 4-19　天河水体面积变化情况

图 4-20　龙子湖水体面积变化情况

km²,6 月 27 日最大水体面积为 92.62 km²,最大水体面积与 2014 年水利普查数据相比减少 10.38 km²,下降了 10.08%(见图 4-22)。

9)沂湖

沂湖 6 月以来水体面积呈下降再回升趋势,8 月 15 日最小水体面积为 1.62 km²,10 月 26 日最大水体面积为 3.02 km²,最大水体面积与 2014 年水利普查数据相比减少15.48 km²,下降了 83.67%(见图 4-23)。

10)枫沙湖

枫沙湖 6 月以来水体面积变化较为平稳,7 月 21 日最大水体面积为 16.24 km²,9 月

图 4-21　花园湖水体面积变化情况

图 4-22　女山湖水体面积变化情况

7 日最小水体面积为 14.07 km²,8 月 26 日以后最大水体面积 14.79 km²,与 2014 年水利普查数据相比减少 1.41 km²,下降了 8.7%(见图 4-24)。

11)竹丝湖

竹丝湖 6 月以来水体面积均远低于 2014 年水利普查数据,6 月 27 日最大水体面积为 5.69 km²,8 月 26 日最小水体面积为 1.75 km²,最大水体面积与 2014 年水利普查数据相比减少 8.81 km²,下降了 60.76%(见图 4-25)。

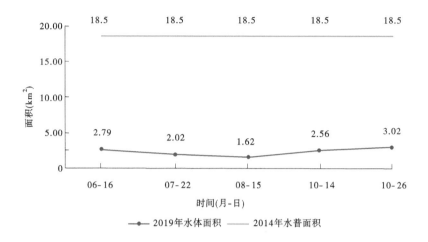

图 4-23　沂湖水体面积变化情况

图 4-24　枫沙湖水体面积变化情况

12）白荡湖

白荡湖 6 月以来水体面积变化总体稳中有降。11 月 18 日最小水体面积为 36.46 km²，9 月 19 日最大水体面积为 38.44 km²，最大水体面积与 2014 年水利普查数据相比减少 0.36 km²，下降了 0.93%（见图 4-26）。

13）陈瑶湖

陈瑶湖 6 月以来水体面积远低于 2014 年水利普查 19.8 km²。6 月 27 日最小水体面积为 1.74 km²，11 月 18 日最大水体面积为 4.16 km²，最大水体面积与 2014 年水利普查数据相比减少 15.64 km²，下降了 78.99%（见图 4-27）。

图 4-25　竹丝湖水体面积变化情况

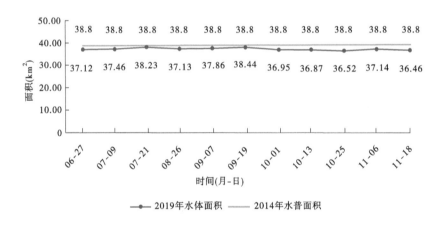

图 4-26　白荡湖水体面积变化情况

14）大官湖

大官湖 6 月以来水体面积变化呈下降趋势,8 月 7 日以后水体面积低于 2014 年水利普查面积,10 月 6 日最大水体面积为 122.22 km²,9 月 30 日最小水体面积为 110.10 km²,8 月 7 日以后最大水体面积与 2014 年水利普查数据相比减少 4.78 km²,下降了 3.76%(见图 4-28)。

15）城西湖

城西湖 6 月以来水体面积变化较为平稳,11 月以后有小幅升高,9 月 7 日最小水体面积为 9.97 km²,11 月 18 日最大水体面积为 32.44 km²,最大水体面积与 2014 年水利普查数据相比减少 63.66 km²,下降了 66.24%(见图 4-29)。

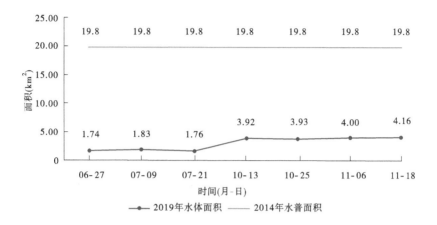

图 4-27　陈瑶湖水体面积变化情况

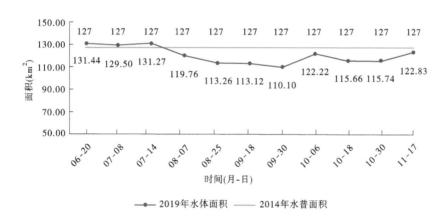

图 4-28　大官湖水体面积变化情况

16) 城东湖

城东湖 6 月以来水体面积变化较为平稳,8 月 7 日最小水体面积为 90.50 km^2,10 月 13 日最大水体面积为 98.39 km^2,最大水体面积与 2014 年水利普查数据相比减少 5.61 km^2,下降了 5.39%(见图 4-30)。

17) 大房郢水库(大型)

大房郢水库 6 月以来水体面积变化较为平稳,最小水体面积为 9 月 7 日 7.62 km^2,最大水体面积为 7 月 9 日 8.78 km^2,最大水体面积与正常蓄水位对应相比减少 6.82 km^2,下降了 43.72%(见图 4-31)。

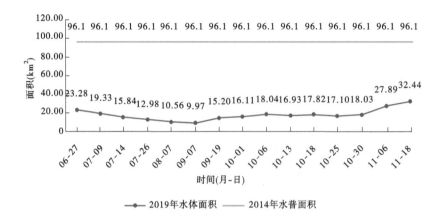

图 4-29　城西湖水体面积变化情况

图 4-30　城东湖水体面积变化情况

18）董铺水库（大型）

董铺水库 6 月以来水体面积变化较为平稳,最小水体面积为 9 月 7 日 10.54 km²,最大水体面积为 7 月 9 日 11.87 km²,最大水体面积与正常蓄水位对应面积相比减少 9.85 km²,下降了 45.33%（见图 4-32）。

19）沙河集水库（大型）

沙河集水库 6 月以来水体面积整体略有下降,最小水体面积为 11 月 18 日 4.57 km²,

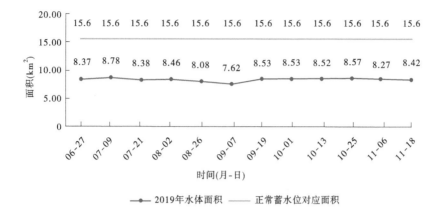

图 4-31　大房郢水库水体面积变化情况

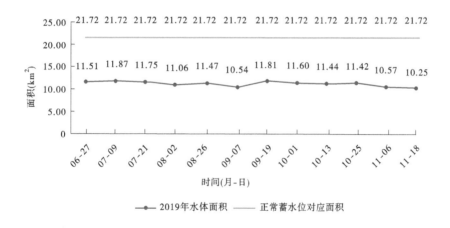

图 4-32　董铺水库水体面积变化情况

最大水体面积为 7 月 9 日 6.44 km²,最大水体面积与正常蓄水位对应面积相比减少13.36 km²,下降了 67.48%(见图 4-33)。

20)黄栗树水库(大型)

黄栗树水库 6 月以来水体面积整体呈下降趋势,最小水体面积为 11 月 6 日 4.72 km²,最大水体面积为 6 月 27 日 7.85 km²,最大水体面积与正常蓄水位对应面积相比减少 8.66 km²,下降了 52.45%(见图 4-34)。

21)龙河口水库(大型)

龙河口水库 6 月以来水体面积均低于正常蓄水位对应水体面积,整体呈下降趋势。最小水体面积为 10 月 25 日 22.49 km²,最大水体面积为 6 月 27 日 30.46 km²,最大水体面积与正常蓄水位对应面积相比减少 17.78 km²,下降了 36.85%(见图 4-35)。

图 4-33　沙河集水库水体面积变化情况

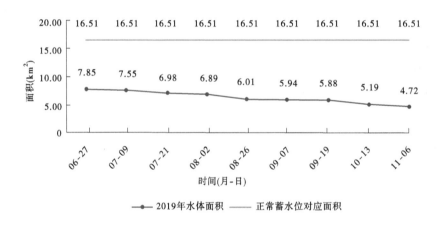

图 4-34　黄栗树水库水体面积变化情况

22)梅山水库(大型)

梅山水库 6 月以来水体面积均低于正常蓄水位对应水体面积,整体呈下降趋势。最小水体面积为 9 月 24 日 22.70 km²,最大水体面积为 6 月 2 日 40.77 km²,最大水体面积与正常蓄水位对应面积相比减少 22.16 km²,下降了 35.21%(见图 4-36)。

23)响洪甸水库(大型)

响洪甸水库 6 月以来水体面积均低于正常蓄水位对应水体面积,整体呈下降趋势。最小水体面积为 10 月 30 日 25.91 km²,最大水体面积为 6 月 20 日 38.48 km²,最大水体面积与正常蓄水位对应面积相比减少 25.42 km²,下降了 39.79%(见图 4-37)。

24)佛子岭水库(大型)

佛子岭水库 6 月以来水体面积均低于正常蓄水位对应水体面积,整体呈下降趋势。

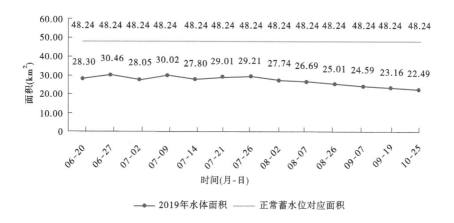

图 4-35　龙河口水库水体面积变化情况

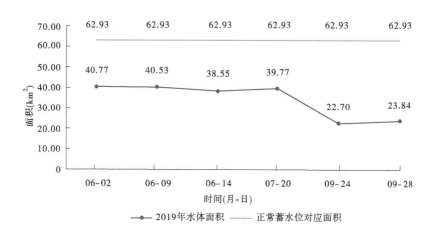

图 4-36　梅山水库水体面积变化情况

最小水体面积为 10 月 6 日 6.76 km²,最大水体面积为 7 月 2 日 9.10 km²,最大水体面积与正常蓄水位对应面积相比减少 12.05 km²,下降了 57%(见图 4-38)。

25)花凉亭水库(大型)

花凉亭水库 6 月以来水体面积整体略有下降,最小水体面积为 10 月 6 日 30.54 km²,最大水体面积为 7 月 2 日 42.49 km²,最大水体面积与正常蓄水位对应面积相比减少 35.71 km²,下降了 45.66%(见图 4-39)。

26)双河水库(中型)

双河水库 6 月以来水体面积整体略有下降,8 月底有所下降,最小水体面积为 8 月 26

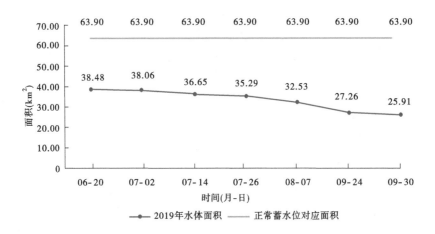

图 4-37　响洪甸水库水体面积变化情况

图 4-38　佛子岭水库水体面积变化情况

日 2.26 km², 最大水体面积为 7 月 21 日 3.49 km², 最大水体面积与正常蓄水位对应面积相比减少 2.4 km², 下降了 40.81%(见图 4-40)。

27)永丰水库(中型)

永丰水库 6 月以来水体面积整体略有下降, 最小水体面积为 11 月 18 日 1.91 km², 最大水体面积为 7 月 9 日 4.01 km², 最大水体面积与正常蓄水位对应面积相比减少 1.11 km², 下降了 21.69%(见图 4-41)。

28)大井水库(中型)

大井水库 6 月以来水体面积均低于正常蓄水位对应面积, 整体呈降低趋势。最小水

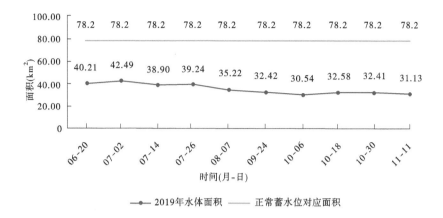

图 4-39 花凉亭水库水体面积变化情况

图 4-40 双河水库水体面积变化情况

体面积为 11 月 6 日 3.72 km²,最大水体面积为 7 月 9 日 6.27 km²,最大水体面积与正常蓄水位对应面积相比减少 2.85 km²,下降了 31.25%(见图 4-42)。

29)龙潭水库(中型)

龙潭水库 6 月以来水体面积均低于正常蓄水位对应水体面积,整体呈下降趋势。最小水体面积为 8 月 7 日 4.98 km²,最大水体面积为 8.30 km²,最小水体面积与正常蓄水位对应面积相比减少 4.45 km²,下降了 34.9%(见图 4-43)。

30)麻塘湖水库(中型)

麻塘湖水库 6 月以来水体面积整体略有下降,最小水体面积为 11 月 6 日 4.09 km²,

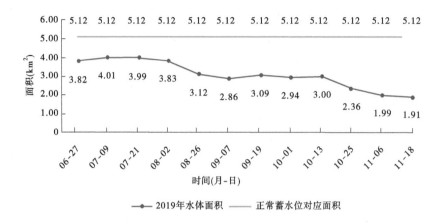

图 4-41　永丰水库水体面积变化情况

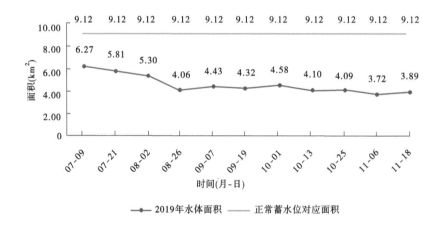

图 4-42　大井水库水体面积变化情况

最大水体面积为 6 月 27 日 5.61 km²,最大水体面积与正常蓄水位对应面积相比减少 2.55 km²,下降了 31.26%(见图 4-43)。

31)钓鱼台水库(中型)

钓鱼台水库 6 月以来水体面积整体略有下降,9 月 24 日下降至 1.64 km²,最小水体面积为 10 月 18 日 1.58 km²,最大水体面积为 7 月 14 日 2.35 km²,最大水体面积与正常蓄水位对应面积相比减少 2.01 km²,下降了 46.1%(见图 4-45)。

32)樵子涧水库(中型)

樵子涧水库 6 月以来水体面积变化较为平稳,最小水体面积为 9 月 7 日 2.54 km²,最

图4-43　龙潭水库水体面积变化情况

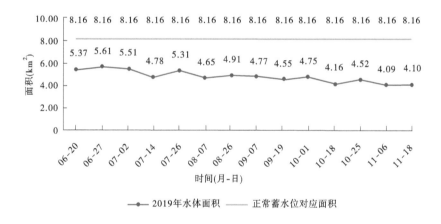

图4-44　麻塘湖水体面积变化情况

大水体面积为8月26日2.82 km²,最大水体面积与正常蓄水位对应面积相比减少1.48 km²,下降了34.46%(见图4-46)。

33)花果水库(中型)

花果水库6月以来水体面积均低于正常蓄水位对应面积,整体呈降低趋势。最小水体面积为11月18日0.81 km²,最大水体面积为6月20日1.24 km²,最大水体面积与正常蓄水位对应面积相比减少0.88 km²,下降了41.51%(见图4-47)。

34)岱山水库(中型)

岱山水库6月以来水体面积均低于正常蓄水位对应水体面积,最小水体面积为10月

图 4-45　钓鱼台水库水体面积变化情况

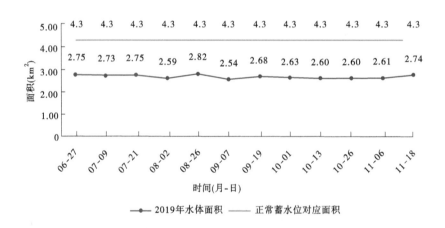

图 4-46　樵子涧水库水体面积变化情况

13 日 1.46 km²,最大水体面积为 11 月 6 日 3.37 km²,最大水体面积与正常蓄水位对应面积相比减少 1.36 km²,下降了 28.75%(见图 4-48)。

35)屯仓水库(中型)

屯仓水库 6 月以来水体面积均远低于正常蓄水位对应水体面积,且呈下降趋势。最小水体面积为 11 月 18 日 2.80 km²,最大水体面积为 7 月 10 日 4.46 km²,最大水体面积与正常蓄水位对应面积相比减少 6.86 km²,下降了 60.6%(见图 4-49)。

36)平阳水库(中型)

平阳水库 6 月以来水体面积均远低于正常蓄水位对应水体面积,且呈下降趋势。最

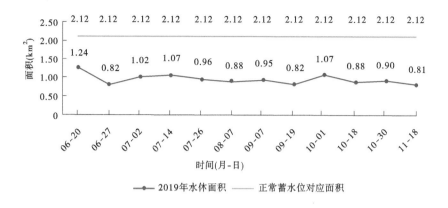

图 4-47　花果水库水体面积变化情况

图 4-48　岱山水库水体面积变化情况

小水体面积为 10 月 2 日 1.28 km²,最大水体面积为 6 月 16 日 2.24 km²,最大水体面积与正常蓄水位对应面积相比减少 2.4 km²,下降了 51.72%(见图 4-50)。

37)红丰水库(中型)

红丰水库 6 月以来水体面积均低于正常蓄水位对应水体面积,且呈下降趋势。最小水体面积为 1.13 km²,最大水体面积为 6 月 27 日 1.36 km²,最大水体面积与正常蓄水位对应面积相比减少 1.31 km²,下降了 49.06%(见图 4-51)。

38)三湾水库(中型)

三湾水库 6 月以来水体面积均低于正常蓄水位对应水体面积,且呈下降趋势。最小水体面积为 2.03 km²,最大水体面积为 7 月 9 日 3.71 km²,最大水体面积与正常蓄水位对

图 4-49　屯仓水库水体面积变化情况

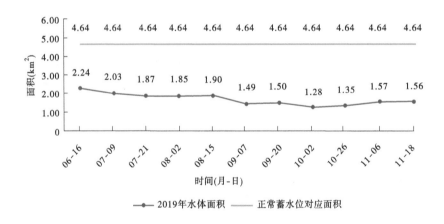

图 4-50　平阳水库水体面积变化情况

应面积相比减少 2.89 km²，下降了 43.79%（见图 4-52）。

39）解放水库（中型）

解放水库 6 月以来水体面积均低于正常蓄水位对应水体面积，且呈下降趋势。最小水体面积为 10 月 25 日 2.02 km²，最大水体面积为 6 月 27 日 2.44 km²，最大水体面积与正常蓄水位对应面积相比减少 2.04 km²，下降了 45.54%（见图 4-53）。

40）鹿塘水库（中型）

鹿塘水库 6 月以来水体面积均低于正常蓄水位对应水体面积，且呈下降趋势。最小水体面积为 11 月 18 日 1.42 km²，最大水体面积为 1.88 km²，最大水体面积与正常蓄水位

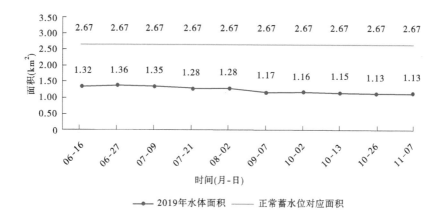

图 4-51　红丰水库水体面积变化情况

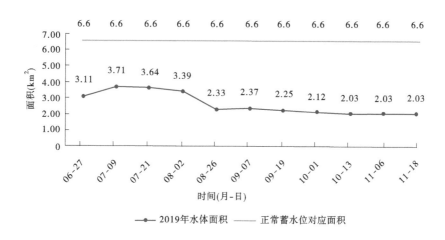

图 4-52　三湾水库水体面积变化情况

对应面积相比减少 1.96 km²,下降了 51.04%(见图 4-54)。

41)青春水库(中型)

青春水库 6 月以来水体面积均低于正常蓄水位对应水体面积。最小水体面积为 10 月 25 日 1.87 km²,最大水体面积为 6 月 27 日 2.46 km²,最大水体面积与正常蓄水位对应面积相比减少 1.1 km²,下降了 30.9%(见图 4-55)。

42)老圈行水库(中型)

老圈行水库 6 月以来水体面积均低于正常蓄水位对应水体面积。最小水体面积为 10 月 30 日 1.40 km²,最大水体面积为 11 月 6 日 1.99 km²,最小水体面积与正常蓄水位

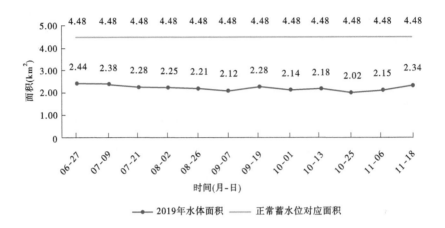

图 4-53　解放水库水体面积变化情况

图 4-54　鹿塘水库水体面积变化情况

对应面积相比减少 0.67 km², 下降了 25.19%(见图 4-56)。

43)水门塘水库(中型)

水门塘水库 6 月以来水体面积总体低于正常蓄水位对应水体面积。最小水体面积为 9 月 7 日 1.88 km², 最大水体面积为 10 月 13 日 2.54 km², 最小水体面积与正常蓄水位对应面积相比减少 0.29 km², 下降了 10.25%(见图 4-57)。

44)戎桥水库(中型)

戎桥水库 6 月以来水体面积远低于正常蓄水位对应的水体面积, 总体呈下降趋势。最小水体面积为 11 月 18 日 0.64 km², 最大水体面积为 6 月 27 日 0.85 km², 最大水体面

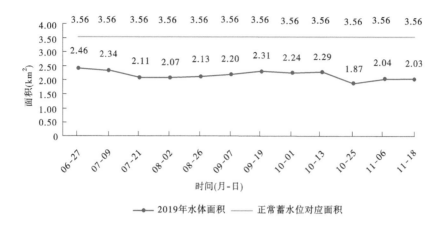

图 4-55　青春水库水体面积变化情况

图 4-56　老圈行水库水体面积变化情况

积与正常蓄水位对应水体面积相比减少 1.15 km², 下降了 57.5%（见图 4-58）。

45）夹山关水库（中型）

夹山关水库 6 月以来水体面积远低于正常蓄水位对应的水体面积, 总体呈下降趋势。最小水体面积为 11 月 18 日 0.54 km², 最大水体面积为 7 月 9 日 0.82 km², 最大水体面积与正常蓄水位对应水体面积相比减少 0.86 km², 下降了 51.79%（见图 4-59）。

46）塘埂头水库（中型）

塘埂头水库 6 月以来水体面积均低于正常蓄水位对应的水体面积。最小水体面积为 6 月 27 日 1.08 km², 最大水体面积为 8 月 26 日 1.61 km², 最大水体面积与正常蓄水位对

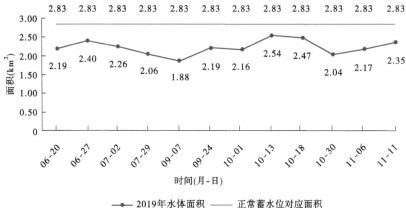

图 4-57　水门塘水库水体面积变化情况

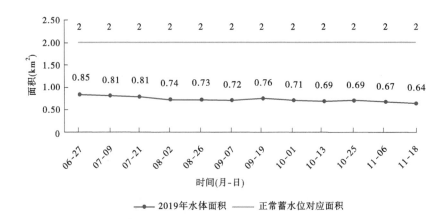

图 4-58　戎桥水库水体面积变化情况

应水体面积相比减少 0.54 km², 下降了 25.12%(见图 4-60)。

47)马鞍山水库(中型)

马鞍山水库 6 月以来水体面积远低于正常蓄水位对应的水体面积, 总体呈下降趋势。最小水体面积为 11 月 18 日 0.31 km², 最大水体面积为 7 月 21 日 0.49 km², 最大水体面积与正常蓄水位对应水体面积相比减少 0.23 km², 下降了 31.94%(见图 4-61)。

48)牯牛背水库(中型)

牯牛背水库 6 月以来水体面积整体略有下降, 最小水体面积为 9 月 24 日 1.83 km², 最大水体面积为 7 月 14 日 2.36 km², 最大水体面积与正常蓄水位对应面积相比减少 1.31 km², 下降了 35.77%(见图 4-62)。

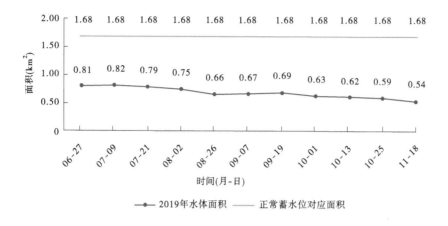

图 4-59　夹山关水库水体面积变化情况

图 4-60　塘埂头水库水体面积变化情况

2. 湖库最大水体面积降幅

经统计,湖泊水体面积均低于 2014 年水利普查面积,水库水体面积均低于正常蓄水位对应面积。

由图 4-63 ~ 图 4-65 可以看出,湖泊中,水体面积降幅 50% 以上的有沂湖、陈瑶湖、城西湖、黄陂湖和竹丝湖,降幅 30% ~ 50% 的有高塘湖、天河湖、龙子湖、花园湖;大型水库中,水体面积降幅均超过 30%,其中降幅 50% 以上的有沙河集水库、黄栗树水库和佛子岭水库;中型水库中,水体面积降幅 50% 以上的有屯仓水库、平阳水库、鹿塘水库、戎桥水库和夹山关水库。

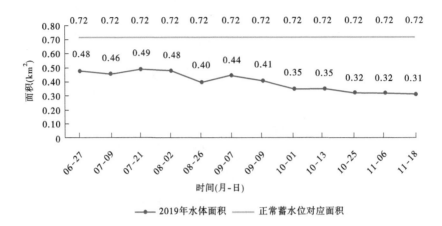

图 4-61　马鞍山水库水体面积变化情况

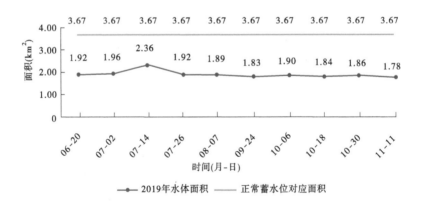

图 4-62　牯牛背水库水体面积变化情况

4.3.1.4　长江以南水体面积变化分析

长江以南监测的湖泊有南漪湖等 4 个湖泊,大型水库监测陈村水库(太平湖),中型水库有卢村水库等 5 座水库。

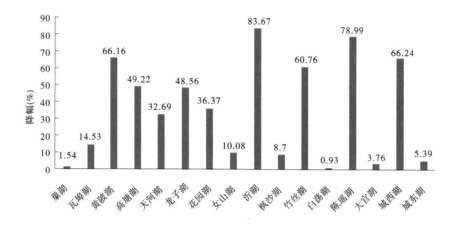

图 4-63　江淮之间湖泊最大水体面积降幅

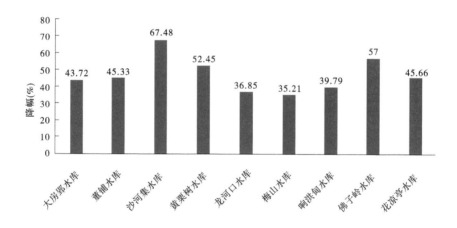

图 4-64　江淮之间大型水库最大水体面积降幅

1. 湖库水体面积变化

1）南漪湖

由于台风"利奇马"影响,宣城市普降大雨到特大暴雨,受暴雨影响,南漪湖 6 月以来水体面积变化呈上升趋势,但均低于 2014 年水利普查数据。6 月 4 日最小水体面积为 95.88 km²,10 月 10 日最大水体面积为 178.86 km²,最大水体面积与 2014 年水利普查数据相比减少 2.14 km²,下降了 1.18%(见图 4-66)。

2）天井湖

天井湖 6 月以来水体面积均低于 2014 年水利普查 1.78 km²。最小水体面积为 9 月 7 日 0.95 km²,最大水体面积为 7 月 21 日 1.08 km²,最大水体面积与 2014 年水利普查数

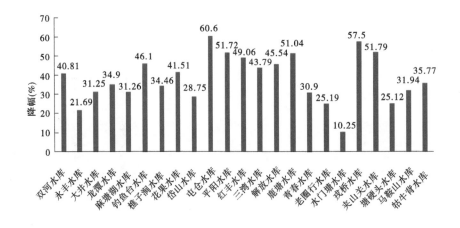

图 4-65　江淮之间中型水库最大水体面积降幅

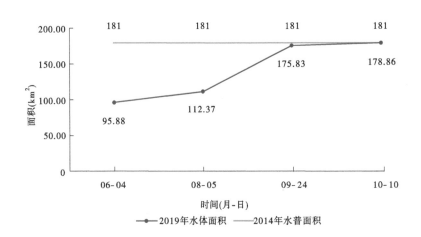

图 4-66　南漪湖水体面积变化情况

据相比减少 0.7 km²,下降了 39.33%(见图 4-67)。

3)平天湖

平天湖 6 月以来水体面积变化较为平稳,7 月 9 日最大水体面积为 7.24 km²,7 月 21 日最小水体面积为 6.42 km²,最大水体面积与 2014 年水利普查数据相比减少 3.86 km²,下降了 34.75%(见图 4-68)。

4)升金湖

升金湖 6 月以来水体面积变化整体呈上升再下降趋势,8 月 26 日以后水体面积低于 2014 年水利普查面积,8 月 26 日最大水体面积为 89.83 km²,11 月 6 日最小水体面积为

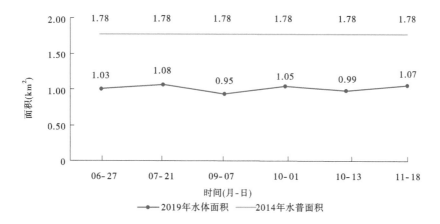

图 4-67　天井湖水体面积变化情况

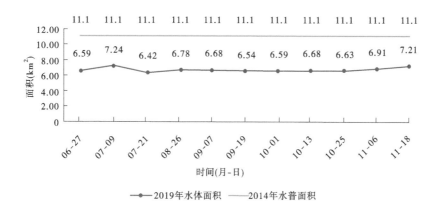

图 4-68　平天湖水体面积变化情况

60.85 km²,8 月 26 日以后最大水体面积与 2014 年水利普查数据相比减少 12.17 km²,下降了 11.93%(见图 4-69)。

5)陈村水库(太平湖)(大型)

陈村水库(太平湖)6 月以来水体面积远低于正常蓄水位对应的水体面积,6 月以来水体面积变化趋势略有下降,由于台风"利奇马"影响,陈村水库水体面积 9 月有短暂增长趋势。最小水体面积为 11 月 18 日 55.21 km²,最大水体面积为 9 月 19 日 64.52 km²,最大水体面积与正常蓄水位对应面积相比减少 33.48 km²,下降了 34%(见图 4-70)。

6)卢村水库(中型)

卢村水库 6 月以来水体面积均低于正常蓄水位对应的水体面积。最小水体面积为 6

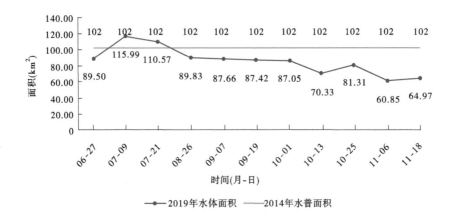

图 4-69　升金湖水体面积变化情况

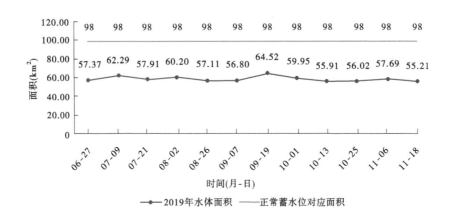

图 4-70　陈村水库水体面积变化情况

月 27 日 2.61 km², 最大水体面积为 7 月 26 日 3.14 km², 最大水体面积与正常蓄水位对应水体面积相比减少 0.52 km², 下降了 14.21%(见图 4-71)。

7)大板水库(中型)

大板水库 6 月以来水体面积远低于正常蓄水位对应的水体面积, 总体呈下降趋势。最小水体面积为 11 月 18 日 0.28 km², 最大水体面积为 6 月 20 日和 7 月 14 日 0.60 km², 最大水体面积与正常蓄水位对应水体面积相比减少 0.97 km², 下降了 61.78%(见图 4-72)。

8)东山水库(中型)

东山水库 6 月以来水体面积远低于正常蓄水位对应的水体面积, 总体呈下降趋势。

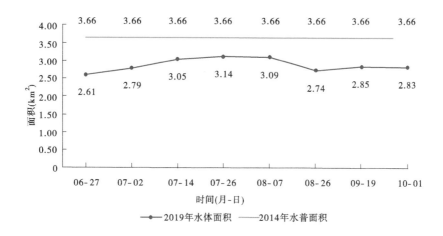

图 4-71　卢村水库水体面积变化情况

图 4-72　大板水库水体面积变化情况

最小水体面积为 10 月 13 日 0.44 km², 最大水体面积为 6 月 27 日 0.52 km², 最大水体面积与正常蓄水位对应水体面积相比减少 0.94 km², 下降了 64.38%（见图 4-73）。

9) 牛桥水库(中型)

牛桥水库 6 月以来水体面积远低于正常蓄水位对应的水体面积, 总体呈下降趋势。最小水体面积为 11 月 18 日 0.52 km², 最大水体面积为 8 月 26 日和 9 月 7 日 0.63 km², 最大水体面积与正常蓄水位对应水体面积相比减少 0.54 km², 下降了 46.15%（见图 4-74）。

10) 丰乐水库(中型)

丰乐水库 6 月以来水体面积远低于正常蓄水位对应的水体面积。最小水体面积为

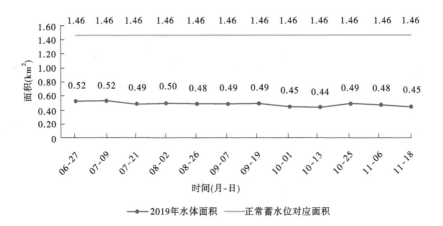

图 4-73　东山水库水体面积变化情况

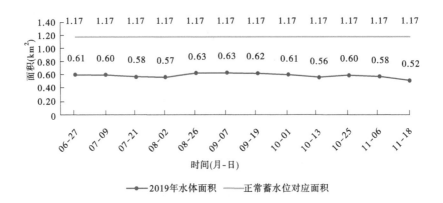

图 4-74　牛桥水库水体面积变化情况

10 月 10 日 1.63 km^2,最大水体面积为 6 月 5 日 2.25 km^2,最大水体面积与正常蓄水位对应面积相比减少 0.68 km^2,下降了 23.2%(见图 4-75)。

2. 湖库最大水体面积降幅

经统计,湖泊水体面积均低于 2014 年水利普查中的湖泊面积,大中型水库水体面积均低于水库正常蓄水位对应面积。

从图 4-76 可以看出,湖泊中,天井湖和平天湖水体面积降幅较大,为 30% ~ 40%;大型水库,陈村水库(太平湖)降幅为 34%;中型水库中,大板水库和东山水库水体面积降幅最大,均超过 60%。

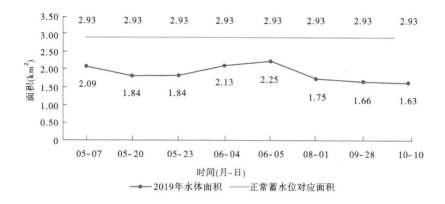

图 4-75　丰乐水库水体面积变化情况

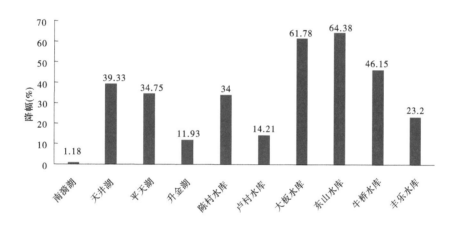

图 4-76　长江以南湖库最大水体面积降幅

4.3.2　遥感旱情监测

对 2019 年安徽省旱情监测是在现有研究的基础之上,基于 MODIS/FY - 2D 遥感数据源做出一个适合安徽省旱情监测遥感模型,采用归一化植被指数 - 地表温度(NDVI - LTS)监测方法,反演出 8 ~ 11 月全省土壤含水量,与实测得到的 10 ~ 20 cm 土壤含水量数据都有一定程度的相关性,说明 TVDI(植被干旱指数)对表层土壤含水量监测较为敏感,能够较好地反映表层土壤含水量状况。

4.3.2.1　8月安徽省遥感旱情监测情况

2019年8月中旬安徽省旱情主要以轻旱为主,旱情主要集中于江淮之间;8月下旬比中旬旱情有加重趋势,合肥、滁州、马鞍山、铜陵、黄山等地区旱情较为严重,中旱转为重旱;对比7月旱情显然更为严重;轻中旱地区主要集中皖北区域。安徽省整体旱情处于上升趋势,旱情仍在继续。

2019年8月干旱等级如图4-77、图4-78所示。

4.3.2.2　9月安徽省遥感旱情监测情况

2019年9月中旬安徽省旱情以中旱到重旱为主,中旱主要分布于淮北地区,重旱主要集中于江淮之间和皖南地区,其中合肥、铜陵、马鞍山等地区旱情较为严重;9月下旬比中旬旱情有加重趋势,其中淮北地区、江淮之间、长江以南地区,由中旱转为重旱,对比8月旱情显然更为严重。全省整体旱情处于上升趋势,旱情仍在继续。

2019年9月安徽省干旱等级如图4-79、图4-80所示。

4.3.2.3　10月安徽省遥感旱情监测情况

2019年10月中旬安徽省旱情以重旱为主,中旱主要分布于淮北地区,重旱主要集中于江淮之间和长江以南地区,其中铜陵、安庆、池州、芜湖等地区旱情较为严重;10月下旬相比中旬淮北地区旱情有加重趋势,江淮之间、长江以南地区旱情基本不变,环比9月旱情,淮北地区旱情有所加重,江淮之间和长江以南地区大多城市转为重旱到特旱,全省旱情仍在继续。

2019年10月安徽省干旱等级如图4-81、图4-82所示。

4.3.2.4　11月安徽省遥感旱情监测情况

2019年11月中旬安徽省旱情以重旱为主,中旱主要分布于淮北地区,重旱主要集中于江淮之间和长江以南地区,其中铜陵、安庆、池州、马鞍山、芜湖等地区旱情较为严重,同比10月中旬,淮北地区、江淮之间、长江以南之间旱情均有所加重。

2019年11月中旬干旱等级如图4-83所示。

4.3.3　易燃区域监测

2019年8月1日至11月30日期间,基于葵花8号、TERRA/MODIS、AQUA/MODIS、NPP等卫星遥感数据,共监测到森林易燃区疑似区域337处(不包括云覆盖下的易燃区信息),涉及合肥市、淮北市、宿州市、蚌埠市、淮南市、滁州市、六安市、马鞍山市、芜湖市、宣城市、池州市、安庆市和黄山市共计13个地市,如图4-84所示。

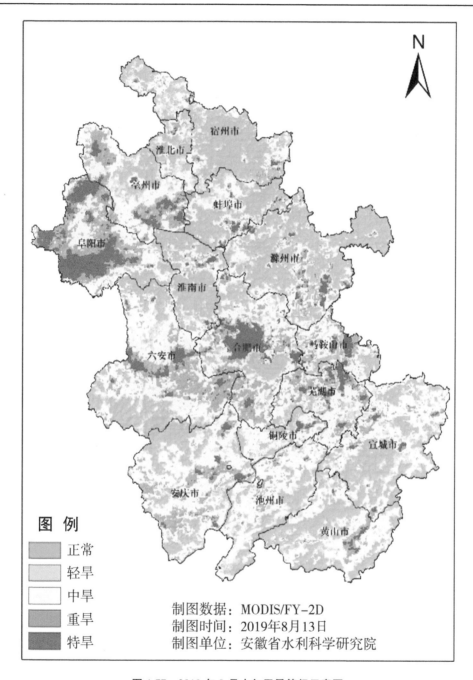

图 4-77　2019 年 8 月中旬干旱等级示意图

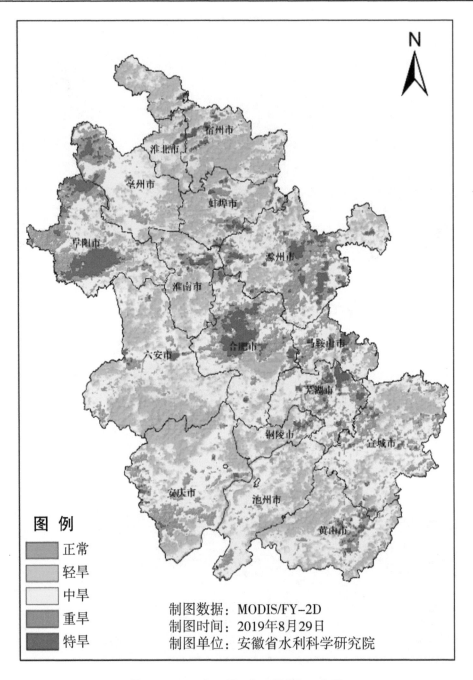

图 4-78　2019 年 8 月下旬干旱等级示意图

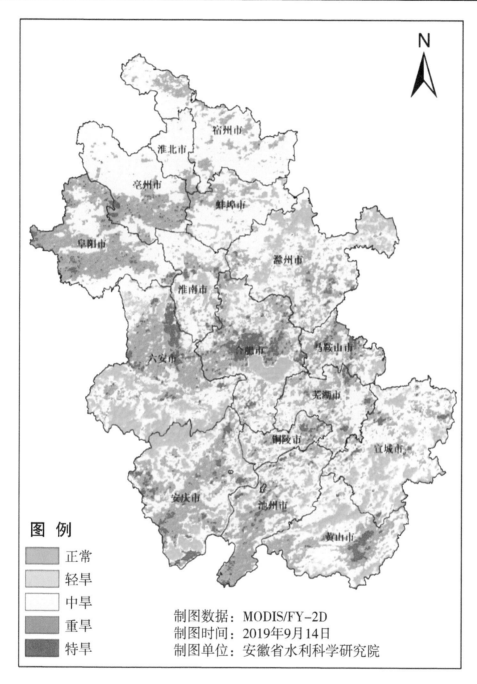

图例

　　正常

　　轻旱

　　中旱

　　重旱

　　特旱

制图数据：MODIS/FY-2D
制图时间：2019年9月14日
制图单位：安徽省水利科学研究院

图 4-79　2019 年 9 月中旬干旱等级示意图

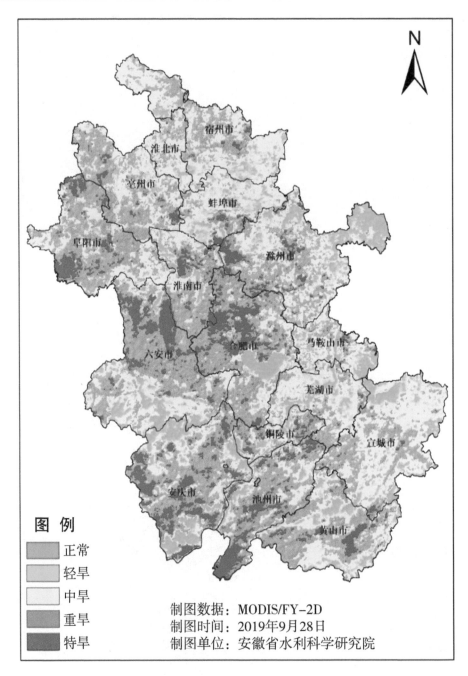

图 4-80　2019 年 9 月下旬干旱等级示意图

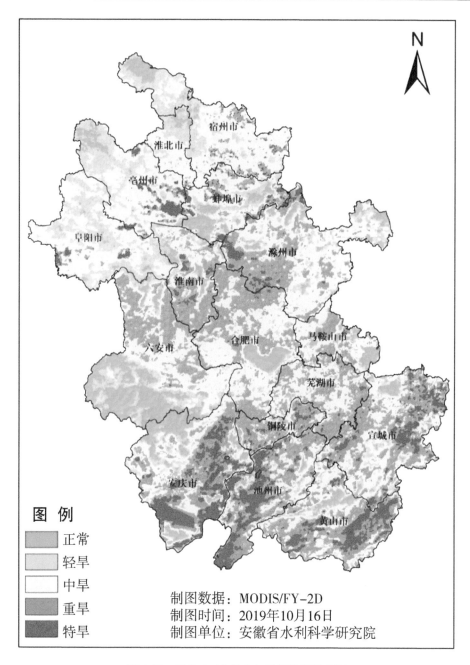

图 4-81　2019 年 10 月中旬干旱等级示意图

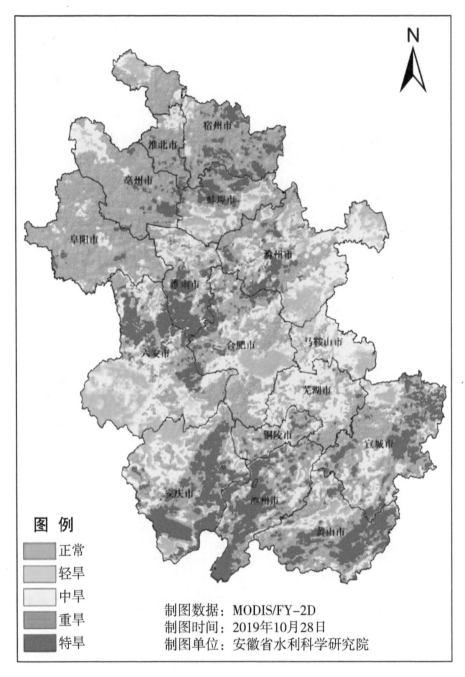

图 4-82　2019 年 10 月下旬干旱等级示意图

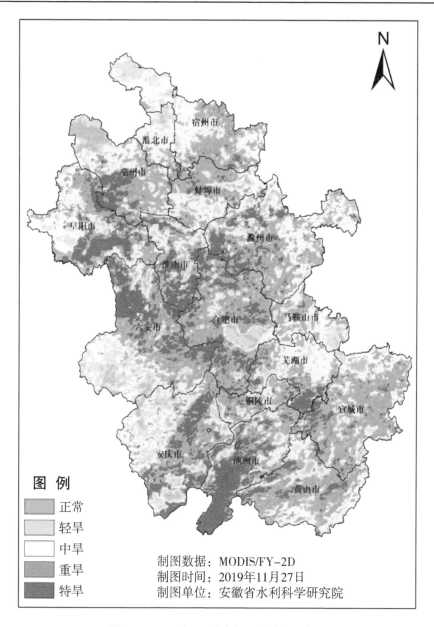

图例

正常
轻旱
中旱
重旱
特旱

制图数据：MODIS/FY-2D
制图时间：2019年11月27日
制图单位：安徽省水利科学研究院

图 4-83 2019 年 11 月中旬干旱等级示意图

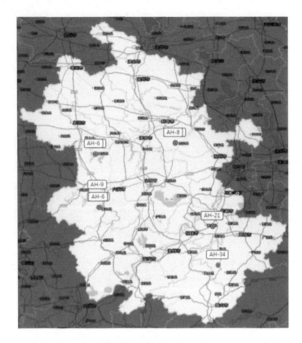

(a)8月1~31日

(b)9月1~30日

图 4-84　安徽省 8 月 1 日至 11 月 30 日森林植被卫星遥感监测易燃区域分布位置

（比例尺：1:16 000 000）

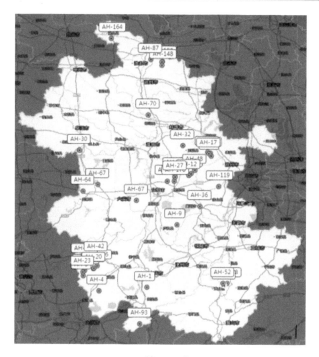

(c)10月1~31日

(d)11月1~30日

续图 4-84

4.3.3.1 8~11月易燃区统计

1.8月易燃区域分析

如图4-84(a)所示,8月1~31日监测到森林植被易燃疑似区域29处(不包括云覆盖下的易燃区信息),涉及六安市、滁州市、芜湖市、宣城市4个市县。2019年8月卫星遥感监测重点易燃区域分布情况详见表4-15。

表4-15 2019年8月森林植被卫星遥感监测重点易燃区域汇总表

城市	县(区)	植被易燃数量
芜湖市	繁昌县	4
滁州市	定远县	4
六安市	霍邱县	2
	霍山县	2
	裕安区	1
宣城市	旌德县	1
共计		14

2.9月易燃区域分析

如图4-84(b)所示9月1~30日监测到森林植被易燃疑似区域71处(不包括云覆盖下的易燃区信息),涉及安庆市、宣城市、池州市、马鞍山市、黄山市、合肥市、芜湖市7个市县。2019年9月卫星遥感监测重点易燃区域分布情况详见表4-16。

表4-16 2019年9月森林植被卫星遥感监测重点易燃区域汇总

城市	县(区)	植被易燃数量
合肥市	长丰县	1
	肥东县	1
芜湖市	无为市	1
马鞍山市	花山区	1
安庆市	怀宁县	5
	太湖县	14
	桐城市	1
	岳西县	4
铜陵市	枞阳县	1
黄山市	祁门县	2
	休宁县	1
	黟县	1
池州市	东至县	3
	贵池区	2

续表 4-16

城市	县（区）	植被易燃数量
宣城市	广德县	2
	宣州区	1
共计		41

3. 10 月易燃区域分析

如图 4-84（c）所示，10 月 1 ～ 31 日监测到森林植被易燃疑似区域 94 处（不包括云覆盖下的易燃区信息），涉及安庆市、池州市、合肥市、六安市、宣城市、宿州市、滁州市、蚌埠市，共计 8 个市县。2019 年 10 月森林植被卫星遥感监测重点易燃区域分布情况详见表 4-17。

表 4-17　2019 年 10 月森林植被卫星遥感监测重点易燃区域分布情况

城市	县（区）	植被易燃数量
合肥市	长丰县	1
	巢湖市	2
	肥东县	6
	肥西县	1
蚌埠市	怀远县	1
安庆市	宿松县	1
	太湖县	6
	岳西县	2
滁州市	定远县	4
	南谯区	1
	全椒县	1
宿州市	埇桥区	3
	萧县	1
	砀山县	1
六安市	霍邱县	3
池州市	东至县	2
宣城市	旌德县	3
共计		39

4. 11 月易燃区域分析

如图 4-84（d）所示，11 月 1 ～ 30 日监测到森林植被易燃疑似区域 143 处（不包括云覆盖下的易燃区信息），涉及滁州市、合肥市、安庆市、宣城市、宿州市、淮北市、蚌埠市、黄山市、马鞍山市、芜湖市、池州市、淮南市，共计 12 个市县。2019 年 11 月森林植被卫星遥感监测重点易燃区域分布情况详见表4-18。

表4-18　2019年11月森林植被卫星遥感监测重点易燃区域分布情况

城市	县（区）	植被易燃数量
合肥市	长丰县	3
	巢湖市	1
	肥东县	3
芜湖市	无为市	1
蚌埠市	怀远县	1
	淮上区	2
	五河县	2
淮南市	大通区	1
马鞍山市	当涂县	3
淮北市	濉溪县	2
安庆市	怀宁县	2
	宿松县	1
	岳西县	4
铜陵市	枞阳县	3
黄山市	黄山区	1
	祁门县	1
滁州市	定远县	5
	凤阳县	1
	明光市	2
	南谯区	3
	全椒县	1
宿州市	埇桥区	2
	灵璧县	1
	萧县	3
池州市	东至县	1
宣城市	广德县	1
	郎溪县	3
	宁国市	2
	宣州区	1
	泾县	1
共计		59

4.3.3.2 16 地市易燃区域统计

由于普遍缺少降水,气温较同期偏高,从影像中表 4-15 ~ 表 4-18、图 4-85 可知,安徽境内淮河以南区域 8 月以来植被易燃发生情况逐月增多。在观测期间内,特别是安庆市,由卫星监测到的森林植被重点易燃区域多达 45 处,其中仅太湖县就多达 20 处、岳西县 10 处、怀宁县 7 处。

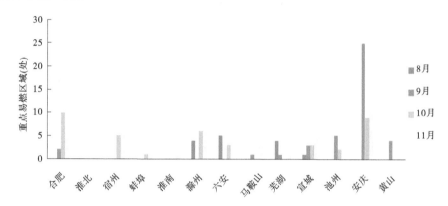

图 4-85　2019 年 8 ~ 11 月安徽省森林植被卫星遥感监测重点易燃区域柱状图

4.3.4　气象监测

造成干旱的原因与气象等自然因素有关,长时间无降水或降水偏少等气象条件是造成干旱与旱灾的主要因素。气象监测分别从降雨天数、降雨量、温度变化和风力变化方面进行统计分析。

4.3.4.1　降雨天数监测

降雨天数的大幅减少可导致降雨量的减少,降雨量减少是干旱的直观表现之一。安徽省 2018 年 7 ~ 11 月平均降雨天数为 51 d,2019 年同时期为 20 d,减少 31 d。淮河以北地区,2018 年 7 ~ 11 月平均降雨天数为 42 d,2019 年同期为 17 d,减少 25 d;江淮之间地区,2018 年 7 ~ 11 月平均降雨天数为 51 d,2019 年同期为 22 d,减少 29 d;长江以南地区,2018 年 7 ~ 11 月平均降雨天数为 62 d,2019 年同期为 20 d,减少 42 d。

1. 全省降雨天数分析

7 ~ 11 月,2019 年平均降雨天数总共有 20 d,相对于 2018 年同时期(51 d),2019 年安徽省累计平均降雨天数减少 31 d,各月分别减少 8 d、8 d、8 d、2 d、5 d(见图 4-86)。

图 4-87 ~ 图 4-91 为各市 2018 年和 2019 年逐月对比情况。红色矩形表示雨天减少情况,绿色表示雨天增加情况。可以看出,各地市整体趋势表现为雨天减少,尤其是 8 月

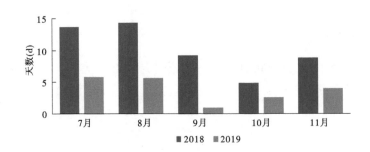

图 4-86　安徽省平均降雨天数变化

和 11 月各地市均减少了降雨天数。部分地市在 7 月、9 月、10 月雨天有所增加:六安市 7 月降雨天数增加 16 d;宿州市 9 月和 10 月均增加了 4 d;宣城和亳州市 10 月均增加了 1 d。

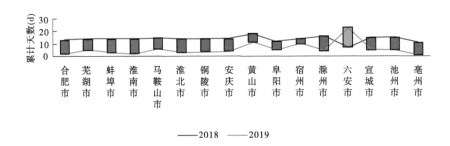

图 4-87　7 月降雨累计天数变化图

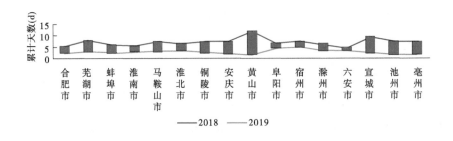

图 4-88　8 月降雨累计天数变化图

2. 淮河以北地区降雨天数分析

7~11 月,2019 年淮河以北地区平均降雨天数共有 17 d,相对于 2018 年同时期 42 d 减少 25 d,各月分别减少 9 d、6 d、6 d、0、4 d(见图 4-92)。

3. 江淮之间地区降雨天数分析

7~11 月,2019 年江淮之间地区平均降雨天数总共有 22 d,相对于 2018 年同时期

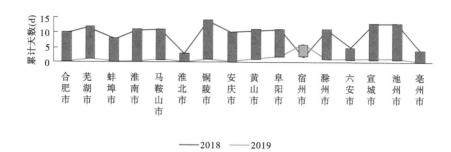

图 4-89　9 月降雨累计天数变化图

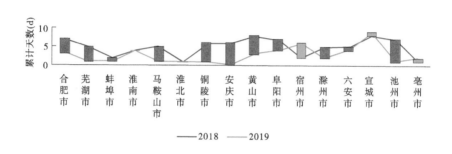

图 4-90　10 月降雨累计天数变化图

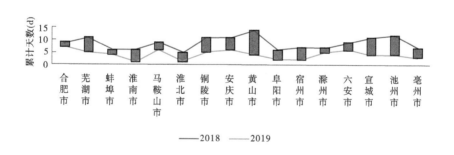

图 4-91　11 月降雨累计天数变化图

(51 d)减少 29 d,各月分别减少 6 d、7 d、9 d、4 d、3 d(见图 4-93)。

4.长江以南地区降雨天数分析

7～11 月,2019 年长江以南地区降雨天数总共有 20 d,相对于 2018 年同时期(62 d)减少 42 d,各月分别减少 9 d、12 d、11 d、4 d、6 d(见图 4-94)。

4.3.4.2　降雨量监测

干旱最直观的表现是降雨量的减少。安徽省从 2019 年 8 月上旬至 11 月中旬,降雨

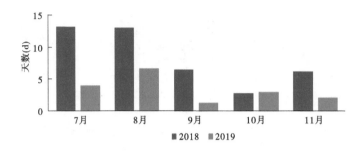

图4-92　淮河以北地区平均降雨天数变化

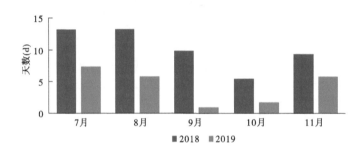

图4-93　江淮之间平均降雨天数变化

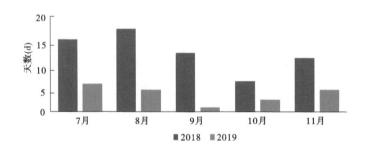

图4-94　长江以南地区平均降雨天数变化

量和面雨量(面雨量是描述整个区域(流域)内单位面积上的平均降水量的物理量,能较客观地反映整个区域的降水情况)都有一个明显减小的过程。2019年8月上旬至11月中旬,安徽省面雨量与常年同期相比平均降幅为49%。其中,淮河以北地区面雨量与常年同期相比平均降幅为37%,江淮之间面雨量与常年同期相比平均降幅为58%,长江以南面雨量与常年同期相比平均降幅为51%。

1. 全省降雨量情况

安徽省8月上旬到11月中旬面雨量和降水量存在一个明显减少的过程。从9月上旬开始至 11 月上旬,除 10 月上旬外,面雨量和降水量都维持在较低水平,面雨量的值分别为 2.8 mm、1.1 mm、16 mm、3.8 mm、2.8 mm、1.7 mm。降水量的值分别为 3.9 亿 m^3、1.52 亿 m^3、22.33 亿 m^3、5.24 亿 m^3、3.94 亿 m^3、2.31 亿 m^3。从平均面雨量来看,淮河以北地区、江淮之间地区和长江以南地区平均面雨量分别为 19.42 mm、13.52 mm 和 20.71 mm(见图 4-95、图 4-96)。

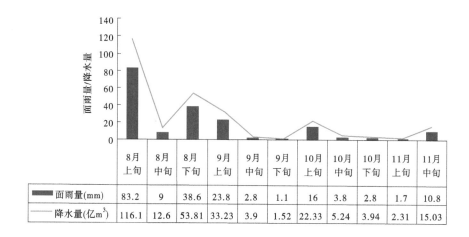

	8月上旬	8月中旬	8月下旬	9月上旬	9月中旬	9月下旬	10月上旬	10月中旬	10月下旬	11月上旬	11月中旬
面雨量(mm)	83.2	9	38.6	23.8	2.8	1.1	16	3.8	2.8	1.7	10.8
降水量(亿 m^3)	116.1	12.6	53.81	33.23	3.9	1.52	22.33	5.24	3.94	2.31	15.03

图 4-95　2019 年安徽省面雨量和降水量变化趋势

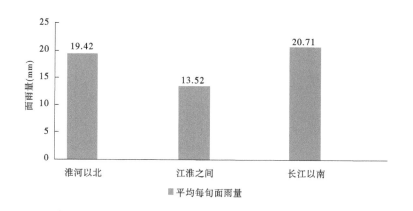

图 4-96　平均每旬面雨量柱状图

2. 淮河以北地区降雨量情况

淮河以北地区 9 月中旬至 11 月上旬,除 10 月上旬有所增大外,面雨量和降水量都维持在较低水平。9 月中旬到 11 月上旬,面雨量的值分别为 3 mm、1.1 mm、33.5 mm、5.8 mm、1.9 mm、3.1 mm。降水量的值分别为 1.11 亿 m^3、0.42 亿 m^3、12.52 亿 m^3、2.15 亿 m^3、0.69 亿 m^3、1.18 亿 m^3(见图 4-97)。

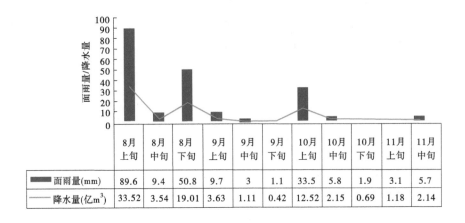

图 4-97　2019 年淮河以北地区面雨量和降水量变化趋势图

3. 江淮之间地区降雨量情况

江淮之间的地区从 9 月中旬开始到 11 月上旬,除了 10 月上旬有所增大外,面雨量和降水量都维持在较低水平。9 月中旬到 11 月上旬,面雨量的值分别为 1.1 mm、0.8 mm、10 mm、2.4 mm、1 mm、0.5 mm。降水量的值分别为 0.56 亿 m^3、0.42 亿 m^3、5.34 亿 m^3、1.27 亿 m^3、0.55 亿 m^3、0.29 亿 m^3(见图 4-98)。

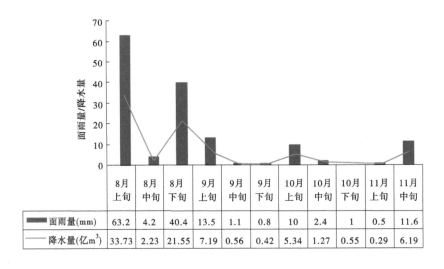

图 4-98　2019 年江淮地区面雨量和降水量变化趋势图

4. 长江以南地区降雨情况

长江以南地区从 9 月中旬开始到 11 月上旬,除了 10 月上旬有所增大外,面雨量和降水量都维持在较低水平。9 月中旬到 11 月上旬,面雨量的值分别为 4.59 mm、1.4 mm、9.2 mm、3.74 mm、5.55 mm、1.73 mm。降水量的值分别为 2.23 亿 m^3、0.68 亿 m^3、4.47

亿 m^3、1.82 亿 m^3、2.7 亿 m^3、0.84 亿 m^3(见图 4-99)。

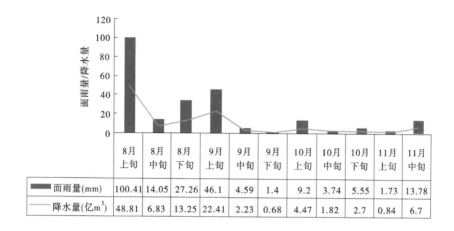

	8月上旬	8月中旬	8月下旬	9月上旬	9月中旬	9月下旬	10月上旬	10月中旬	10月下旬	11月上旬	11月中旬
面雨量(mm)	100.41	14.05	27.26	46.1	4.59	1.4	9.2	3.74	5.55	1.73	13.78
降水量(亿m^3)	48.81	6.83	13.25	22.41	2.23	0.68	4.47	1.82	2.7	0.84	6.7

图 4-99 2019 年长江以南地区面雨量和降水量变化趋势图

淮河以北地区、江淮之间和长江以南地区的面雨量(见图 4-100、图 4-101)经计算得到淮河以北地区的每个旬的平均面雨量为 19.42 mm,江淮之间地区的每个旬的平均面雨量为 13.52 mm,长江以南地区的每个旬的平均面雨量为 20.71 mm。从面雨量来看,江淮之间地区的面雨量最小,淮河以北地区和长江以南地区的面雨量比较接近,差值为 1.29 mm。

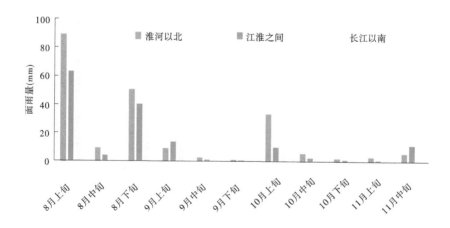

图 4-100 淮河以北地区、江淮之间和长江以南地区面雨量柱状图

4.3.4.3 温度变化监测

影响蒸发量的因素众多,温度是较为重要的因子之一。气温高,蒸腾蒸散作用增加,蒸发量增加。相对于 2018 年,2019 年 7~11 月全省平均气温升高近 1.1 ℃。其中,淮河

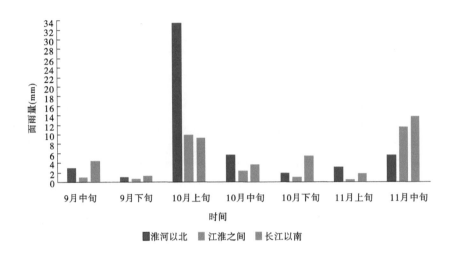

图 4-101　局部放大图(9 月中旬到 11 月中旬)

以北地区每月平均气温升高近 1 ℃,江淮之间地区每月平均气温升高近 1.1 ℃,长江以南地区每月平均气温升高近 1.2 ℃。

1. 全省温度变化分析

以下为安徽省 2018 年和 2019 年平均温度、最高温度和最低温度逐月对比情况。图中橙色表示 2019 年情况,蓝色表示 2018 年情况。

1)平均温度

相对 2018 年,2019 年全省每月平均温度升高近 1.1 ℃,其中 7 月、9 月、10 月分别升高 4.9 ℃、0.1 ℃、1.2 ℃,8 月降低 0.7 ℃,11 月相差接近于 0 ℃(见图 4-102)。

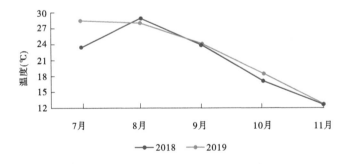

图 4-102　安徽省各月平均温度对比图

2)最高温度

相对 2018 年,2019 年全省每月最高温度平均升高将近 1.9 ℃,7~11 月各月分别升高 0.9 ℃、0.4 ℃、0.8 ℃、4.6 ℃、2.6 ℃(见图 4-103)。

3)最低温度

相对 2018 年,每月最低温度平均降低将近 1 ℃,7 月、8 月 和 11 月分别降低 2.8 ℃、

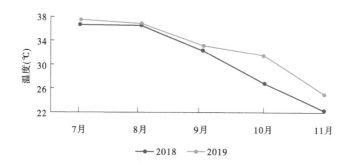

图 4-103　安徽省各月最高温度对比图

2.7 ℃、2 ℃,9 月和 10 月分别升高 1.7 ℃、0.7 ℃(见图 4-104)。

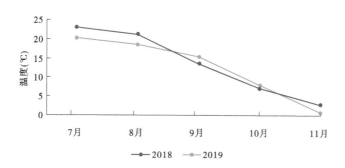

图 4-104　安徽省各月最低温度对比图

综上所述,相较于 2018 年同时期,2019 年 7 ~ 11 月安徽省各地平均温度和平均最高温度升高,2019 年同时期的安徽省平均每日温差(9.1 ℃)大于 2018 年(8.5 ℃)。

2. 淮河以北地区温度变化分析

以下为淮河以北地区 2018 年和 2019 年平均温度、最高温度和最低温度逐月对比情况。图中橙色表示 2019 年情况,蓝色表示 2018 年情况。

1)平均温度

相对 2018 年,2019 年淮河以北地区每月平均温度升高近 1 ℃,其中 7 月、9 月、10 月分别升高 6.4 ℃、0.5 ℃、0.7 ℃,8 月和 11 月均降低 1.1 ℃(见图 4-105)。

2)最高温度

相对 2018 年,2019 年淮河以北地区每月最高温度平均升高将近 1.6 ℃,从 7 ~ 11 月各月分别升高 0.7 ℃、0.5 ℃、1 ℃、3.5 ℃、2.3 ℃(见图 4-106)。

3)最低温度

相对 2018 年,2019 年淮河以北地区每月最低温度平均降低将近 0.8 ℃,7 月、8 月和 11 月分别降低 2.5 ℃、3 ℃、1.3 ℃,9 月和 10 月分别升高 2.2 ℃、0.8 ℃(见图 4-107)。

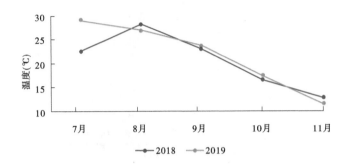

图 4-105　淮河以北地区各月平均温度对比图

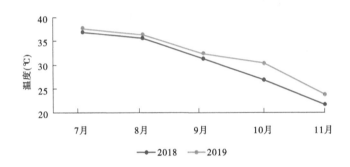

图 4-106　淮河以北地区各月最高温度对比图

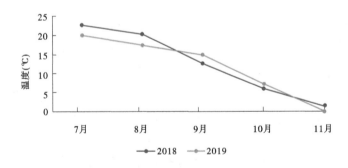

图 4-107　淮河以北地区各月最低温度对比图

3. 江淮之间地区温度变化分析

以下为江淮之间 2018 年和 2019 年平均温度、最高温度和最低温度逐月对比情况。图中橙色表示 2019 年情况,蓝色表示 2018 年情况。

1)平均温度

相对 2018 年,2019 年江淮之间每月平均温度升高近 1.1 ℃,其中 7 月、10 月、11 月分别升高 4.1 ℃、1.2 ℃、0.8 ℃,8 月降低 0.4 ℃,9 月相差 0 ℃(见图 4-108)。

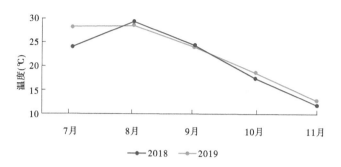

图 4-108　江淮之间地区各月平均温度对比图

2)最高温度

相对 2018 年,2019 年江淮之间地区每月最高温度平均升高将近 2.1 ℃,从 7～11 月各月分别升高 1.2 ℃、0.8 ℃、0.8 ℃、5.2 ℃、2.5 ℃(见图 4-109)。

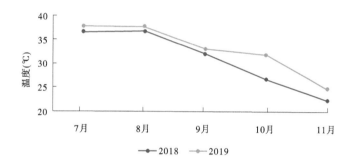

图 4-109　江淮之间地区各月最高温度对比图

3)最低温度

相对 2018 年,2019 年江淮之间地区每月最低温度平均降低将近 1.2 ℃,7 月、8 月和 11 月分别降低 2.8 ℃、2.7 ℃、2.2 ℃,9 月和 10 月分别升高 1.3 ℃、0.2 ℃(见图 4-110)。

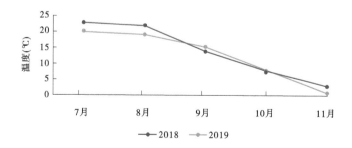

图 4-110　江淮之间地区各月最低温度对比图

4. 江南地区温度变化分析

以下为江南地区 2018 年和 2019 年平均温度、最高温度和最低温度逐月对比情况。图中橙色表示 2019 年情况,蓝色表示 2018 年情况。

1）平均温度

相对 2018 年,2019 年江南地区每月平均温度升高近 1.2 ℃,其中 7 月、10 月、11 月分别升高 4.2 ℃、1.8 ℃、0.3 ℃,8 月和 9 月分别降低 0.7 ℃、0.2 ℃(见图 4-111)。

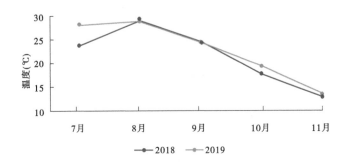

图 4-111　长江以南地区各月平均温度对比图

2）最高温度

相对 2018 年,2019 年全省每月最高温度平均升高将近 2.0 ℃,从 7～11 月各月分别升高 1 ℃、0.2 ℃、0.5 ℃、5.5 ℃、3 ℃(见图 4-112)。

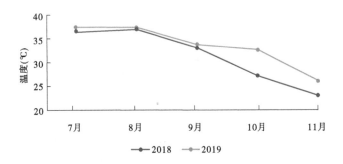

图 4-112　长江以南地区各月最高温度对比图

3）最低温度

相对 2018 年,每月最低温度平均降低将近 1.1 ℃,7 月、8 月和 11 月分别降低 3.3 ℃、2.3 ℃、2.7 ℃,9 月和 10 月分别升高 1.7 ℃、1.0 ℃(见图 4-113)。

4.3.4.4　风力强度监测

风力是影响蒸发量变化的重要动力因子。风力是表征大气运动的物理量,风力的大小影响蒸发量的变化,一般情况下,风力越大,蒸发量也就越大。根据统计结果计算,从

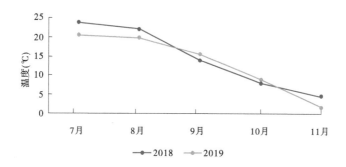

图 4-113 长江以南地区各月最低温度对比图

7~11月,安徽省 2019 年平均每天风力(1.94 级)相比于 2018 年(1.71 级)增加 0.24 级。其中,2019 年淮河以北地区平均风力(1.95 级)相比于 2018 年(1.65 级)增加 0.3 级,2019 年江淮之间地区平均风力(2.09 级)相比于 2018 年(1.78 级)增加 0.31 级,2019 年长江以南地区平均风力(1.86 级)相比于 2018 年(1.63 级)增加 0.23 级。

1. 全省风力强度分析

从 7~11 月统计结果看,安徽省 2019 年相比于 2018 年,风力强度(3 级及以上)天数增加:4 级风力天数全省各地市平均增加 5 d,3 级风力天数全省各地市平均增加 12 d,2 级风力天数全省各地市平均减少 4 d,1 级风力全省各地市天数平均减少 6 d,微风天数全省各地市平均减少 6 d(见图 4-114)。

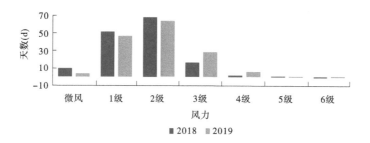

图 4-114 全省各级风力天数变化

2. 淮河以北地区风力强度分析

从 7~11 月统计结果看,淮河以北地区 2019 年相比于 2018 年,风力强度(3 级及以上)增加:6 级风力天数平均增加 1 d,4 级风力天数平均增加 5 d,3 级风力天数平均增加 13 d,2 级风力天数平均减少 5 d,1 级风力天数平均减少 4 d,微风天数平均减少 9 d(见图 4-115)。

3. 江淮之间地区风力强度分析

从 7~11 月统计结果看,江淮之间地区 2019 年相比于 2018 年,风力强度(3 级及以上)增加:5 级风力天数平均增加 1 d,4 级风力天数平均增加 6 d,3 级风力天数平均增加 14 d,2 级风力天数平均减少 6 d,1 级风力天数平均减少 9 d,微风天数平均减少 4 d(见图 4-116)。

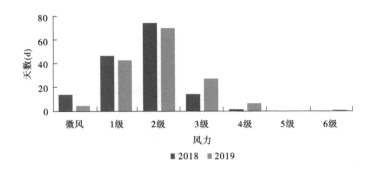

图 4-115　淮河以北地区各级风力天数变化

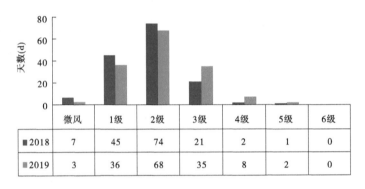

	微风	1级	2级	3级	4级	5级	6级
■2018	7	45	74	21	2	1	0
■2019	3	36	68	35	8	2	0

图 4-116　江淮之间各级风力天数变化

4.长江以南地区风力强度分析

从 7~11 月统计结果看,长江以南地区 2019 年相比于 2018 年,风力强度(3 级及以上)增加:4 级风力天数平均增加 4 d,3 级风力天数平均增加 11 d,2 级风力天数平均减少 3 d,1 级风力天数平均减少 4 d,微风天数平均减少 5 d(见图 4-117)。

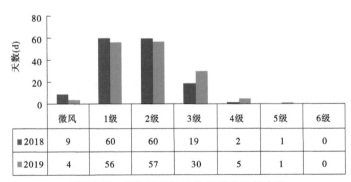

	微风	1级	2级	3级	4级	5级	6级
■2018	9	60	60	19	2	1	0
■2019	4	56	57	30	5	1	0

图 4-117　长江以南地区各级风力天数变化

4.3.5　墒情监测

长期以来,由于观测方式与观测设备的落后,土壤墒情监测的便利性、时效性和准确性受到限制,以至于土壤墒情定量预报成为一个难题。近年来,安徽省水文部门开展大规模的自动土壤墒情监测站的建设,到目前为止,已初具规模,该项工程为农田土壤墒情预报奠定良好的基础。因此,陆续有土壤墒情监测预报系统建设的报道,土壤墒情数据的监测也日趋完备。根据墒情站点提供的数据,观察土壤平均重量含水量与土壤田间持水量,计算得出土壤相对湿度,并采用土壤相对湿度指标评估旱情等级。

按全省墒情站进行分类,其中淮河以北地区包括淮北市、亳州、宿州、蚌埠、阜阳;江淮之间包括合肥市、淮南市、滁州市、六安市、马鞍山市、芜湖市、铜陵市、安庆市;长江以南地区包括池州市、宣城市、黄山市分别对各墒情站点数据进行统计分析。

4.3.5.1　淮河以北墒情变化对比分析

淮河以北地区同比 2018 年墒情数据,其中 0 ~ 20 cm 各站点平均土壤含水量,除 8 月中旬、10 月中下旬和 11 月上旬外均低于上一年度;40 cm 各站点平均土壤含水量,除 8 月中旬以外均低于上一年度,且总体呈下降趋势(见图 4-118 ~ 图 4-120)。

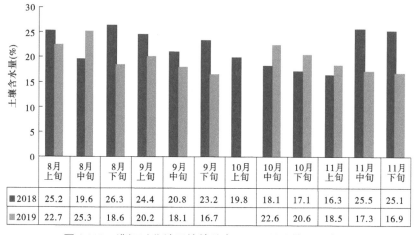

	8月上旬	8月中旬	8月下旬	9月上旬	9月中旬	9月下旬	10月上旬	10月中旬	10月下旬	11月上旬	11月中旬	11月下旬
■2018	25.2	19.6	26.3	24.4	20.8	23.2	19.8	18.1	17.1	16.3	25.5	25.1
▪2019	22.7	25.3	18.6	20.2	18.1	16.7		22.6	20.6	18.5	17.3	16.9

图 4-118　淮河以北地区墒情站点 10 cm 处土壤平均含水量

4.3.5.2　江淮之间墒情变化对比分析

江淮之间地区同比 2018 年墒情数据,其中 0 ~ 20 cm 各站点平均土壤含水量,除 8 月中旬以外均低于上一年度,且总体呈下降趋势;40 cm 各站点平均土壤含水量,均低于上一年度,且总体呈下降趋势(见图 4-121 ~ 图 4-123)。

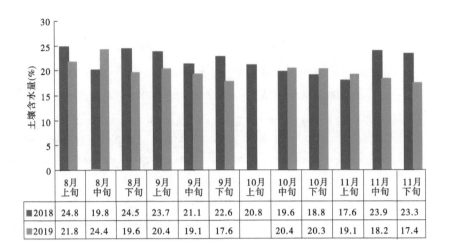

	8月上旬	8月中旬	8月下旬	9月上旬	9月中旬	9月下旬	10月上旬	10月中旬	10月下旬	11月上旬	11月中旬	11月下旬
■2018	24.8	19.8	24.5	23.7	21.1	22.6	20.8	19.6	18.8	17.6	23.9	23.3
■2019	21.8	24.4	19.6	20.4	19.1	17.6		20.4	20.3	19.1	18.2	17.4

图 4-119　淮河以北地区墒情站点 20 cm 处土壤平均含水量

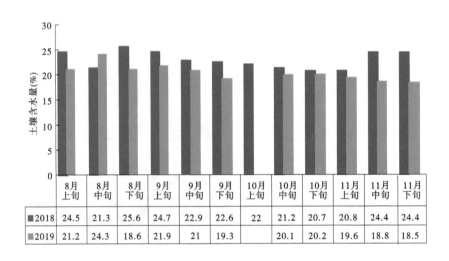

	8月上旬	8月中旬	8月下旬	9月上旬	9月中旬	9月下旬	10月上旬	10月中旬	10月下旬	11月上旬	11月中旬	11月下旬
■2018	24.5	21.3	25.6	24.7	22.9	22.6	22	21.2	20.7	20.8	24.4	24.4
■2019	21.2	24.3	18.6	21.9	21	19.3		20.1	20.2	19.6	18.8	18.5

图 4-120　淮河以北地区墒情站点 40 cm 处土壤平均含水量

4.3.5.3　长江以南墒情变化对比分析

长江以南地区同比 2018 年墒情数据,其中 0 ~ 40 cm 各站点平均土壤含水量,除 8 月中旬以外均低于上一年度,且总体呈下降趋势(见图 4-124 ~ 图 4-126)。

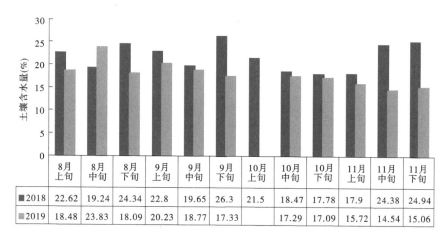

	8月上旬	8月中旬	8月下旬	9月上旬	9月中旬	9月下旬	10月上旬	10月中旬	10月下旬	11月上旬	11月中旬	11月下旬
2018	22.62	19.24	24.34	22.8	19.65	26.3	21.5	18.47	17.78	17.9	24.38	24.94
2019	18.48	23.83	18.09	20.23	18.77	17.33		17.29	17.09	15.72	14.54	15.06

图 4-121　江淮之间墒情站点 10 cm 处土壤平均含水量

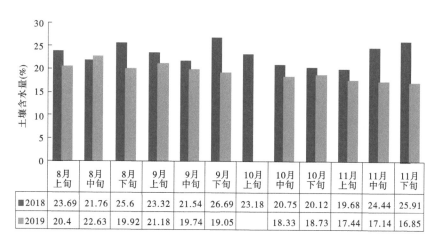

	8月上旬	8月中旬	8月下旬	9月上旬	9月中旬	9月下旬	10月上旬	10月中旬	10月下旬	11月上旬	11月中旬	11月下旬
2018	23.69	21.76	25.6	23.32	21.54	26.69	23.18	20.75	20.12	19.68	24.44	25.91
2019	20.4	22.63	19.92	21.18	19.74	19.05		18.33	18.73	17.44	17.14	16.85

图 4-122　江淮之间墒情站点 20 cm 处土壤平均含水量

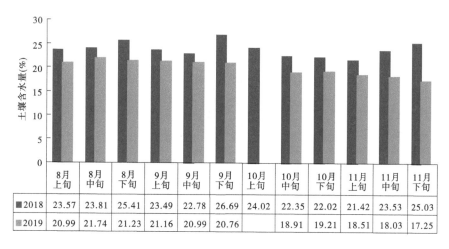

	8月上旬	8月中旬	8月下旬	9月上旬	9月中旬	9月下旬	10月上旬	10月中旬	10月下旬	11月上旬	11月中旬	11月下旬
2018	23.57	23.81	25.41	23.49	22.78	26.69	24.02	22.35	22.02	21.42	23.53	25.03
2019	20.99	21.74	21.23	21.16	20.99	20.76		18.91	19.21	18.51	18.03	17.25

图 4-123　江淮之间墒情站点 40 cm 处土壤平均含水量

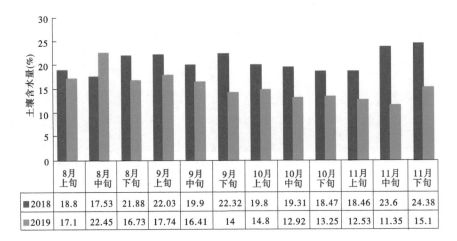

图 4-124　长江以南墒情站点 10 cm 处土壤平均含水量

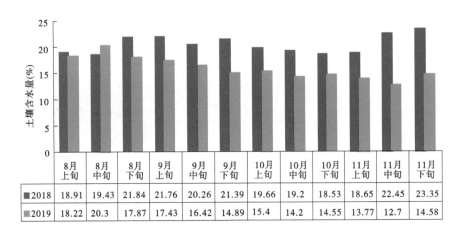

图 4-125　长江以南墒情站点 20 cm 处土壤平均含水量

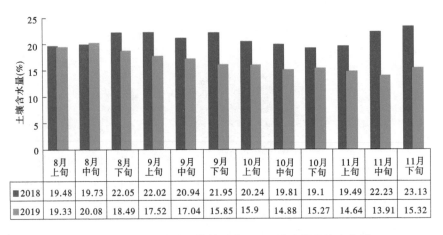

图 4-126　长江以南地区墒情站点 40 cm 处土壤平均含水量

4.4　综合分析

　　通过整理统计安徽省 16 个地市 2019 年 6 月以来湖泊和大中型水库的水体面积变化情况,分析了全省、淮河以北、江淮之间、长江以南以及 16 个地市湖泊、水库水体面积的变化趋势,并将湖泊水体面积与 2014 年水利普查中的湖泊面积做比较,大、中型水库水体面积与《安徽省大中型水库基本资料汇编》中正常蓄水位对应的水体面积做比较,得出水体面积降幅,为旱情分析提供参考。全省大部分湖泊和水库自 2019 年 6 月以来,水体面积均低于 2014 年水利普查中的湖泊面积和水库正常蓄水位对应的水体面积,且大部分湖泊和水库水体面积整体呈下降趋势。部分湖库由于受“利奇马”台风影响,水体面积有短暂上升趋势。数据较全的湖泊 2019 年 6 月以来的最大水体面积相较 2014 年水利普查水体面积降幅为 30% ~80% ,大型水库 2019 年 6 月以来的最大水体面积相较正常蓄水位对应水体面积降幅为 30% ~70% ,中型水库 2019 年 6 月以来的最大水体面积相较正常蓄水位对应水体面积降幅为 10% ~70% 。合肥市湖泊中黄陂湖降幅较大,为 66.16% ,大型水库降幅为 40% ~50% ,中型水库降幅超 20% ,其中双河水库降幅达 40.81% ;淮北市华家湖水库降幅为 44.56% ;蚌埠市湖库降幅为 30% ~50% ;阜阳市八里湖降幅为 22.78% ;淮南市监测 4 个湖泊,其中 3 个湖泊降幅超 40% ,中型水库降幅均超 30% ;滁州市湖泊中沂湖降幅达 83.67% ,大型水库降幅均超 50% ,大部分中型水库降幅超 40% ;六安市城西湖降幅达 66.24% ,大型水库降幅均超 30% ,其中佛子岭水库降幅为 57% ;马鞍山市监测 2 座中型水库,降幅均超 50% ;芜湖市竹丝湖降幅为 60.76% ;宣城市由于受台风影响,降幅较小;铜陵市陈瑶湖降幅高达 78.99% ,中型水库马鞍山水库降幅为 31.94% ;池州市平天湖降幅较大为 34.75% ,中型水库降幅均超 40% ;安庆市大中型水库降幅均超 30% ,其中钓鱼台水库降幅为 46.1% ;黄山市大中型水库降幅均超 20% 。安徽省总体由北向南旱情逐步加重,沿江地区旱情较重,江淮之间和安徽南部次之,淮河以北出现不同程度干旱。

　　通过遥感旱情监测得出安徽省 8 月中旬旱情主要以轻旱为主,旱情主要集中于江淮之间、淮河以北的阜阳、亳州地区以和长江以南的池州、宣城、黄山地区;8 月下旬相比中旬,江淮之间、淮河以北和长江以南旱情有加重趋势,其中合肥、滁州、马鞍山、铜陵、黄山地区旱情较为严重,出现中旱转为重旱;9 月中旬旱情以中旱到重旱为主,中旱主要分布于淮北地区,重旱主要集中于江淮之间和长江以南,其中合肥、铜陵、马鞍山地区旱情较为严重;9 月下旬相比中旬淮北地区、江淮之间、长江以南地区旱情有加重趋势,由中旱转为重旱,全省各市陆续发生重旱到特旱不同程度旱情;10 月中旬旱情以重旱为主,中旱主要分布于淮北地区,重旱主要集中于江淮之间和长江以南地区,其中铜陵、安庆、池州、芜湖等地区旱情较为严重;10 月下旬相比中旬淮北地区旱情有加重趋势,江淮之间、长江以南地区旱情基本不变,旱情依旧严重;11 月中旬旱情以重旱为主,中旱主要分布于淮北地区,重旱主要集中于江淮之间和长江以南地区,其中铜陵、安庆、池州、马鞍山、芜湖等地区旱情较为严重,淮北以北受到局部降雨的影响,旱情得到一定的缓解。

通过森林火情遥感监测得出,2019 年 8 月 1 日至 11 月 30 日期间全省范围内的森林植被易燃区域遥感监测可知,8 月森林植被重点易燃区域集中于江淮之间的 4 个地市,且数目并未大幅增加。9 月以后,随着旱情逐步扩大到长江以南部分山区,森林植被重点易燃区域已增加到安庆市、宣城市、池州市、马鞍山市、黄山市、合肥市、芜湖市在内的 7 个地市,江淮之间和皖西南山区森林植被重点易燃区域明显增多。进入 10 月,严重的干旱已影响到长江流域的各个地市,特别是皖南和皖西南山区重点易燃频发的区域持续扩大,山林易燃区域明显增多且波及范围扩大。截至 11 月底,随着冬季季风气候的来临,干旱少雨的气候条件,也影响到淮河以北地区,全省 12 个地市均相继出现森林植被重点易燃区,大部分地市易燃区出现的频率相较于前几个月的观测均有上升趋势。因此,通过森林植被易燃区的有效监测,也可反演得到安徽省内的旱情由"江淮之间 - 长江以南 - 淮河以北"的发展趋势。

通过气象监测数据进行整体分析,通过降雨日数据统计分析得出安徽省 2019 年 7 ~ 11 月累计降雨天数 20 d,相较与 2018 年 8 ~ 11 月,均有明显的降幅,其中淮河以北、江淮之间和长江以南地区降雨日分别为 17 d、22 d、20 d ,最大降幅分别为 95%、96%、95%。通过降雨日数据统计分析得出安徽省 8 ~ 11 月面雨量 190.6 mm、降水量 269.97 亿 m³、相较于 2018 年 8 ~ 11 月,均有明显的降幅;其中淮河以北面雨量 213.6 mm、降水量 80.27 亿 m³;江淮之间面雨量 148.7 mm、降水量 79.32 亿 m³;长江以南面雨量 148.7 mm、降水量 79.32 亿 m³。通过风力数据统计分析得出安徽省 7 ~ 11 月 3 级风 29 d、4 级风 7 d、5 级风 1 d。其中,淮河以北 3 级风 28 d、4 级风 7 d、6 级风 1 d,江淮之间 3 级风 35 d、4 级风 8 d、5 级风 2 d,长江以南地区 3 级风 30 d、4 级风 5 d、5 级风 1 d。通过安徽省 7 ~ 11 月温度数据统计分析得出相对 2018 年,2019 年全省每月平均温度升高近 1.1 ℃,其中淮河以北、江淮之间、长江以南温度较常年均有升高。

通过安徽省 89 个墒情站 8 ~ 11 月土壤墒情数据进行整体分析,通过 10 cm、20 cm、40 cm 土壤含水量数据进行统计,淮河以北、江淮之间、长江以南土壤含水量相较于常年均有下降,墒情严重时间段多数出现在 9 月下旬至 10 月中旬阶段,除 8 月中旬、10 月中下旬和 11 月上旬以外均低于上一年度;其中淮北市、亳州市、宿州市、蚌埠市、阜阳市、淮南市平均土壤相对湿度为适宜湿度;合肥市、马鞍山市、宣城市黄山市平均土壤相对湿度在 50% ~ 60%,为轻度干旱;滁州市、六安市、芜湖市、铜陵市、池州市平均土壤相对湿度 40% ~ 50%,为中度干旱;安庆市平均土壤相对湿度小于 30% 为特大干旱。

第 5 章　结　语

5.1　水　灾

　　本书在对遥感监测理论和方法的分析总结的基础上,提出基于 3S 技术的水灾灾情监测和分析评估方法。水灾灾情监测方面提出了光谱直接比较法和分类后比较法对水灾淹没范围的监测方法,以及以数字高程模型(DEM)为基础,利用 GIS 空间分析功能,通过与水灾淹没范围叠加以获取水灾淹没水深分布图的水灾淹没水深估算方法,水灾灾情分析评估方面提出了运用遥感和 GIS 等技术方法获取洪水灾害中致灾因子、成灾体等监测指标,同时结合其他数据资料,结合空间分析与计算,以进行简单影响评估、受灾程度评估、经济损失评估等不同层次的灾情评估的方法。

　　重点论述基于 3S 技术的水灾监测与分析评估方法在 2016 年安徽省长江流域水灾、2019 年宁国市水灾、长江江心洲水灾风险性评估中的应用。2016 年安徽省长江流域水灾中,利用高分一号卫星数据,通过水体面积提取算法,对比分析安徽省长江流域各个区域汛期水体面积同当年非汛期水体面积变化,更加直观地了解受灾情况;2019 年宁国市水灾中,通过对宁国市灾情严重县区进行航拍,记录收集水毁、灾情资料,及时掌握受灾区域房屋、堤防、农田等灾情情况;长江江心洲水灾风险性评估中,对长江凤凰洲和长沙洲进行正射校正、影像融合、地理配准等遥感数据预处理,利用水体面积提取算法获取水体信息和江心洲陆地信息,以人工圈定的多边形对研究区的制图结果进行裁剪,绘制各成像时间的江心洲的陆地范围和洪涝灾害淹没风险性指数空间格局,得到江心洲动态变化,分析江心洲陆地面积与水位之间的关系。

　　从多个水灾评估实例中可以看出,相对于常规水灾评估方法受到不及时和不客观的局限,多时相、连续动态的灾前、灾中、灾后遥感监测能够准确、及时、直观、全面地评估水灾风险性、灾情的发展、灾情的影响和损失,为水灾预测预警、调度决策、灾后评估等方面提供了有力支撑,然而基于卫星遥感的估计方法,仍有一定的缺陷和不足,不同模型方法在不同条件下,存在一定的差异。此外,开展区域水灾风险监测需要长时间、多方位进行动态监测,应更深入地挖掘遥感数据,根据不同需求,合理运用于水灾监测将会产生更大的效益。

5.2　旱　情

　　本书提出了基于水体面积变化的旱情遥感监测、基于 TVDI 方法的 MODIS 旱情监测和基于森林易燃区域的旱情遥感监测方法,分析总结了旱情监测典型指标和遥感监测指标,同时重点论述了各监测方法在 2019 年安徽旱情各监测指标中的具体应用。基于水体面积变化的旱情遥感监测方法中,以湖泊和水库作为监测目标,利用高分卫星影像获取淮河以北、江淮之间、长江以南以及各地市水体面积连续动态遥感监测数据,与 2014 年安徽省水利普查中湖泊面积、《安徽省大中型水库基本资料汇编》中大中型水库正常蓄水位对应面积进行对比分析;基于 TVDI 方法的 MODIS 旱情监测方法中,提出做出一个适合安徽省旱情监测遥感模型,选择安徽省作为研究区,借助分裂窗算法反演地表温度,获取归一化植被指数,建立温度植被干旱指数的干旱监测模型,反演MODIS – TVDI 与同期野外实测的不同深度土壤含水量进行回归分析;基于森林易燃区域的旱情遥感监测方法中,依托于多种国内外卫星遥感数据而搭建的一套森林火情监测分析模型,根据不同卫星的数据特点和适用范围,开展森林易燃区火情监测的工作研究,同时研究森林易燃区的区域变化与干旱区域变化之间的联系。

　　通过对水体面积变化监测、MODIS – TVDI 遥感监测、易燃区域监测、气象监测、墒情监测等多个干旱监测指标的分析,全面直观地展现了安徽省 2019 年旱情变化趋势。相较于传统干旱监测方法需要投入大量人力、物力和财力,单点单元数据难以代表大范围旱情情况,无法满足大区域实时监测旱情的需求,卫星遥感监测能够快速获得地物表面大范围、多元信息,具有覆盖范围广、空间分辨率高、重访周期短、数据获取方便、资料客观等优点,有效弥补了传统旱情监测方法的不足。但是遥感数据由于受大气变化、传感器稳定性以及参数反演模型简化等影响,监测结果与实际真值可能存在偏差,根据监测地区实际构建旱情监测模型,将监测结果与地面实测数据以及统计资料相结合,将会显著提高旱情监测精度。

参考文献

[1] 丁志雄. 基于 RS 与 GIS 的洪涝灾害损失评估技术方法研究[D]. 北京:中国水利水电科学研究院, 2004.

[2] 王建华, 江东, 陈传友. 我国洪涝灾害规律的研究[J]. 灾害学, 1999, 14 (3):36-41.

[3] 黄诗峰. 洪涝灾害遥感监测评估方法与实践[D]. 北京:中国水利水电出版社, 2012.

[4] 黄诗峰, 辛景峰, 杨永民, 马建威,等. 旱情遥感监测理论方法与实践[M]. 北京:中国水利水电出版社, 2016.

[5] Dracup J A, Lee K S, Paulson E G. On the definition of droughts[J]. Water Resources Research, 1980, 16(2): 297 – 302.

[6] Wilhite D A. Drought and water crises: science, technology, and management issues[M]. CRC Press , 2005.

[7] Council A. Policy statement: Meteorological drought[J] 1997, 78(1): 847-849.

[8] 张强. 干旱[M]. 北京:气象出版社,2009.

[9] 孙荣强. 干旱定义及其指标评述[J]. 灾害学, 1994(1): 17-21.

[10] 韦玉春,汤国安,杨昕,等.遥感数字图像处理教程[M] 北京:科学出版社,2014.

[11] 程多祥.无人机移动测量数据快速获取与处理[M] 北京:测绘出版社,2015.

[12] 马艳敏,郭春明,李建平,等.卫星遥感技术在吉林旱涝灾害监测与评估中的应用[J].干旱气象, 2019,37(1):159-165.

[13] 沈秋,高伟,李欣,等.GF – 1 WFV 影像的中小流域洪涝淹没水深监测[J].遥感信息,2019,34(1):87-92.

[14] 覃先林,刘树超,李晓彤,等.高分四号卫星在我国森林草原火情监测中的应用[J].卫星应用,2018 (12):34-37.

[15] 吴赛.基于 EOS/MODIS 的水体提取模型及其在洪灾监测中的应用[D].武汉:华中科技大学, 2005.

[16] 王家杰.无人机低空摄影测量系统研究[D].哈尔滨:哈尔滨工业大学,2016.

[17] 张永生.机载对地观测与地理空间信息现场直播技术[J].测绘科学技术学报,2013,30(1):1-5.

[18] 李云,徐伟,吴玮.灾害监测无人机技术应用与研究[J].灾害学,2011,26(1):138-143.

[19] 陆俊. 多波束系统在水下探测中的应用[D].南京:河海大学,2006.

[20] 李香颜,陈怀亮,李有.洪水灾害卫星遥感监测与评估研究综述[J].中国农业气象,2009,30(1): 102-108.

[21] 陈秀万.洪涝灾害损失评估系统 – 遥感与 GI5 技术应用研究[M].中国水利水电出版社. 1999.

[22] 李纪人,黄诗峰."3S"技术水利应用指南[M].北京:中国水利水电出版社,2003.

[23] Nekaerts K, Vaesen K, Muys B, et al. Comparative Performance of a Modified Change Vector A – nalysis in Forest Change Detection [J]. International Journal of Remote Sensing, 2005,26 (5):839-852.

[24] Warner T. Hyperspherical Direction Cosine Change Vector Analysis [J]. International Journal of Remote Sensing, 2005,26 (6): 1201-1215.

[25] 廖静娟,沈国状.基于多极化 SAR 图像的鄱阳湖湿地地表淹没状况动态变化分析[J].遥感技术与应用,2008,23 (4): 373-377.

[26] 张思宇,等.吞吐型湖泊湖滩的地形遥感反演方法[J].地理科学研究, 2013, 2(2):57-63.

[27] 陈德清. 基于遥感与地理信息系统技术的洪涝灾害评估方法及其应用研究[D]. 北京:中国科学院地理科学与资源研究所,1999.

[28] 魏一鸣,等. 洪水灾害风险管理理论[M]. 北京:科学出版社,2002.

[29] 马宗晋,李闽峰. 自然灾害评估、灾度和对策[C]//全国减轻自然灾害研究讨论会论文集. 北京:中国科学技术出版社,1990.

[30] 赵阿兴,马宗晋. 自然灾害损失评估指标体系[J]. 自然灾害学报,1993, 7 (3):1-7.

[31] 刘燕华,等. 中国近期自然灾害程度的区域特征[J]. 地理研究,1995, 14 (3):14-25.

[32] 任鲁川. 灾害损失定量评估的模糊综合评判[J]. 灾害学,1996, 1 (4):5-10.

[33] 赵黎明,王康,邱佩华. 灾害综合评估研究[J]. 系统工程理论与实践,1997:(3)63-69.

[34] 魏一鸣. 基于神经网络的洪水灾害灾情评价模型[J]. 自然灾害学报,1996:(3)1-6.

[35] 郭涛,谭徐明. 中国历史洪水灾害和洪水灾害的自然历史特征[J]. 自然灾害学报,1994, 3(2):34-40.

[36] 朱晓华. 中国1840—1996年洪水灾害若干特征分析[J]. 自然灾害学报,1999, 14 (2):7-12.

[37] 方伟华. 区域化变量理论在历史洪涝灾害空间格局重建中的应用——以长江流域1736—1911年洪涝灾害为例[J]. 自然灾害学报,1999, 8(2), 48-55.

[38] 马建明. 成都平原岷江流域水灾风险分析信息系统[D]. 北京:中国水利水电科学研究院,1997.

[39] 周成虎. 洪涝灾害评估信息系统研究[M]. 北京:中国科学技术出版社,1993.

[40] 殷悦,宫辉力,赵文吉. 基于SAR影像的洪水淹没范围信息提取的研究[J]. 测绘与空间地理信息,2007,30 (4):50-54.

[41] 孙海,王乘. 利用DEM的"环形"洪水淹没算法研究[J]. 武汉大学学报(信息科学版),2009,34 (8):948-951.

[42] 陈丙咸,等. 城市遥感分析——南京地区城市研究的遥感分析[J]. 南京:南京大学出版社,1991.

[43] 黄淑娥,聂志强,陈兴鹃,等. 基于MERSI和MODIS资料的鄱阳湖水体面积遥感监测及其变化特征[J]. 江西农业大学学报,2019,41(3):610-618.

[44] 马艳敏,郭春明,王颖,等. 吉林省西部主要水体面积动态变化遥感监测[J]. 水土保持通报,2018, 38(5):249-255.

[45] 赵书慧. 基于MODIS卫星数据的水面积提取方法研究[D]. 济南:山东师范大学,2018.

[46] 柯文莉. 洞庭湖水位—水面面积关系变化及成因研究[D]. 黄石:湖北师范大学,2018.

[47] 邱煌奥,程朋根,甘田红. 基于多光谱影像的水体自动提取方法比较研究[J]. 人民长江,2017,48 (24):111-116.

[48] 孙金彦,钱海明,王春林. 基于GF-1遥感影像的河湖水域面积提取[J]. 江淮水利科技,2016(3):46-48.

[49] 齐述华. 干旱监测遥感模型和中国干旱时空分析[D]. 北京:中国科学院,2004.

[50] 辛景峰. 区域旱情遥感监测研究[R]. 北京:中国科学院遥感应用研究所,2003.

[51] 齐述华,王长耀,牛铮,等. 利用温度植被旱情指数(TVDI)进行全国旱情监测研究[J]. 遥感学报,2003,7(5):420-423.

[52] 陈洁,郑伟,刘诚. Himawari-8静止气象卫星草原火监测分析[J]. 自然灾害学报,2017,26(4):197-204.

[53] 周艺,王世新,王丽涛,等. 基于MODIS数据的火点信息自动提取方法[J]. 自然灾害学报,2007 (1):88-93.